YANTI JIEGOU TUJIE FENXI

岩体结构图解分析

孙树林◎编著

U0220758

河海大学出版社
HOHAI UNIVERSITY PRESS
·南京·

图书在版编目(CIP)数据

岩体结构图解分析 / 孙树林编著. -- 南京：河海
大学出版社，2021.11
ISBN 978-7-5630-7085-5

Ⅰ. ①岩…　Ⅱ. ①孙…　Ⅲ. ①岩体结构面-图解
Ⅳ. ①TU45-64

中国版本图书馆 CIP 数据核字(2021)第 139914 号

书　　名	岩体结构图解分析	
书　　号	ISBN 978-7-5630-7085-5	
责任编辑	吴　淼	
责任校对	王　敏	
装帧设计	徐娟娟	
出版发行	河海大学出版社	
地　　址	南京市西康路 1 号(邮编:210098)	
电　　话	(025)83737852(总编室)　(025)83722833(营销部)	
经　　销	江苏省新华发行集团有限公司	
排　　版	南京布克文化发展有限公司	
印　　刷	苏州市古得堡数码印刷有限公司	
开　　本	787 毫米×1092 毫米　1/16	
印　　张	13	
插　　页	1	
字　　数	326 千字	
版　　次	2021 年 11 月第 1 版　2021 年 11 月第 1 次印刷	
定　　价	39.00 元	

目录 CONTENTS

第一章 岩体结构的基本特征

1.1 岩体结构及其要素

岩体,作为土木、交通、水利以及市政工程等(如边坡、地基和地下洞室)直接施工的对象,是在漫长的地质发展历史过程中形成的地质体的一部分,具有成因和构造上的复杂性和多样性。从结构特点看,岩体包含了连续介质、裂隙介质和散体介质;从力学特性看,岩体包含了几乎所有固体材料的力学属性(黏性、弹性、塑性、流变性、各向异性以及非均质性)。岩体具有极为复杂的结构特性,正是这种结构特性控制着岩体的力学特性。

岩体的稳定性、变形与破坏,主要取决于岩体内各种结构面的性质及其对岩体的切割程度。岩体稳定是指在一定的时间内,在一定的自然条件和人为因素的影响下,岩体不产生破坏性的剪切滑动、塑性变形或张裂破坏。大量的工程实践表明,边坡岩体的破坏、地基岩体的滑移,以及隧道围岩的塌落,大多数是沿着岩体中的软弱结构面发生的。因此,岩体稳定性分析对岩体结构的分析具有十分重要的意义。

1.1.1 岩体结构

我们经常谈论的地质构造,实际上是地壳结构的表征。对地壳来说,结构类型的划分基础是采取各种不同类型的面,这些面有的是客观存在的(如断层面),有的是抽象的(如褶皱轴面)。从研究地壳结构出发,李四光教授(1963)把这些面命名为结构面。在工程地质研究中,谷德振(1979)、孙玉科(1965)等进一步把岩体内开裂的和易开裂的地质界面抽象地称为结构面,被结构面切割成的岩块称为结构体。结构面和结构体称为岩体结构单元或岩体结构要素,从而为建立岩体结构的概念奠定了基础。

岩体结构是指岩体中结构面、结构体的形状、规模、性质及其组合特征。结构面将岩体切割成不同形状、不同大小的结构体,从而形成复杂的岩体结构。岩体结构决定了岩体的变形机制和破坏方式,决定了岩体的工程地质性质,在岩体的变形与破坏中起到了主导作用。岩体结构是由结构面和结构体组成的,也是岩体的基本特性之一,它控制着岩体的变形、破坏及其力学性质。岩体结构是岩体力学地质基础的核心因素。

从岩体力学作用研究观点来看,岩体结构单元是由结构面和结构体构成的。结构面可以划分为坚硬结构面(干净的)和软弱结构面(夹泥的、夹层的)两种,结构体可以划分为块状结构体(短轴的)和板状结构体(长厚比大于 15 的)两种。这四种结构单元,在岩体内组合、排列的形式不同,构成不同类型的岩体结构。

不同类型的岩体结构单元在岩体内的"组合",如坚硬结构面与块状结构体"组合"构成碎裂结构;软弱结构面与块状结构体"组合"构成块裂结构;而软弱结构面与板状结构体"组合"构成板裂结构。这种"组合"是构成岩体结构。另外,岩体结构单元可以是有序的,也可以是无序;可以是贯通的,也可以是断续的,排列的表现形式基本上限定了岩体结构的特征。

1.1.2 结构面

结构面是由一定的地质实体抽象出来的概念术语,它在横向延展上具有面的几何特征,而在垂直向上则与几何学中的面不同,它常充填一定物质,具有一定的厚度,不等同于真实的几何学的面。在地质实体中,结构面是由一定的物质组成的。如节理和裂隙是由两个面及面间充填的水或气的实体组成的;断层及层间错动面也是由上下盘两个面及面间充填的断层泥和水构成的实体组成的。

从地质体运动角度来考察,这种地质实体在一定程度上具有面的作用机理,它完全可以抽象为一种面,称为结构面。从变形角度看,它的机理是两盘闭合或滑移;从破坏角度看,或者沿着它滑动,或者追踪它开裂。结构面是指在岩体中力学强度较低的部位或岩性相对软弱的夹层,构成岩体的结构面。

实际上,结构面是地质发展历史中,经过多种多次地质作用,在岩体中形成的具有一定方向、一定规模、一定形态和特性的地质界面。这些地质界面,可以是无任何充填的岩块间的刚性接触面,如节理、片理等;也可以是有充填物,且具有一定厚度的裂缝;也可以是岩层中相对软弱的夹层;还可以是具有一定厚度的构造破碎带、接触破碎带、风化槽等。结构面对岩体的变形、强度、渗透、各向异性、力学连续性和应力分布等均有很大的影响。

1.1.3 结构体

1)定义

岩体被结构面和临空面切割成的分离块体或岩块称为结构体,也称块体。其中,仅由结构面切割而成的块体称为裂隙块体。

结构体特征可以用结构体形状、块度及产状描述。和结构面一样,结构体也是有级序的。

应当注意的是,结构体与结构面是相互依存的,这是研究结构体地质特征的基础。结构体与结构面的依存性表现在如下三方面:

(1)结构体形状与结构面组数密切相关。岩体内结构面组数越多,结构体形状越复杂。

(2)结构体块度或尺寸与结构面间距密切相关。结构面间距越大,结构体块度或尺寸越大。

(3)结构体级序与结构面级序亦具有相互依存关系。

结构面和结构体在岩体力学作用(变形和破坏)上具有各自不同的力学功能,它们的力学功能不能互相代替。它们是表征岩体结构的必要条件,也是充分条件。结构面和结构体在岩体内存在的形式不同,从而形成不同的岩体结构类型。

2）结构体（块体）分类

块体分类如下：

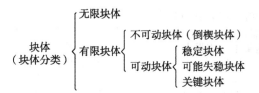

块体分为无限块体和有限块体两大类。无限块体是指未被结构面和临空面完全切割成孤立体的块体，虽被结构面和临空面切割，但仍有一部分与母岩相连。这类块体自身强度不产生破坏，就不存在失稳问题。有限块体是指被结构面和临空面完全切割成孤立体的块体，或称分离体。

根据可动性，将有限块体分为不可动块体和可动块体两类。不可动块体，或称倒楔形块体，是指沿任何方向移动都受相邻块体所阻的块体；可动块体是指可沿空间某一个或多个方向移动而不受相邻块体所阻的块体。

根据稳定性，将可动块体分为稳定块体、可能失稳块体和关键块体三种。稳定块体是指在工程作用力和自重作用下，仍保持稳定的块体；可能失稳块体是指在工程作用力和自重作用下，随着滑移面的抗剪强度降低，可能产生失稳的块体；关键块体是指在工程作用力和自重作用下，其滑移面的抗剪强度较低，若不采取加固措施，不仅会产生失稳，而且会引起其他块体失稳的块体。

1.2 结构面的成因分类及其特征

1.2.1 结构面的成因分类

按照地质成因的不同，可将结构面划分为原生结构面、构造结构面和次生结构面三类。

1）原生结构面

原生结构面是在岩体形成过程中形成的，如岩浆岩的流动构造面、冷缩形成的原生裂隙面、侵入体与围岩的接触面；沉积岩内的层理面、不整合面；变质岩内的片理面、片麻理面等（表1-1）。

表1-1 原生结构面及其主要特征

成因	地质类型	实例	主要特征
沉积结构面	层面	层状岩体中普通发育	1. 产状与岩层一致，为层间软弱面 2. 一般为层状分布，延续性较强。其中古生代海相沉积中分布稳定；中生代陆相地层中分布较不稳定，易尖灭 3. 结构面普遍平整，紧密接触，一般如不受后期构造运动与风化的影响，结构面较完整。沉积间断面上可能为风化破碎的松散物质 4. 一般接触面物质较软弱，易受构造及次生影响恶化
	沉积间断面（古风化夹层）	1. 四川某坝址中上侏罗系内，砂岩黏土岩夹风化夹层 2. 四川某电站白垩系，砂岩黏土岩夹风化夹层	

成因	地质类型	实例	主要特征
火成结构面	火成接触面	1. 佛子岭花岗岩脉与片岩之接触面 2. 福建某工程岩脉与火成岩脉之接触面	1. 产状受岩体与围岩接触面控制,岩流接触面及部分原生节理常具有平缓产状 2. 接触面可能具熔合特征,亦可能为破裂接触,或同一面上各段不同。原生节理一般为张裂面,较不平整,且粗糙 3. 接触面延伸较远,原生节理延续性不强,但往往密集 4. 原生节理可视泥质充填,不利于稳定
	原生节理	福建、安徽某些工程花岗岩及流纹岩中平缓原生节理	
变质结构面	片理	变质岩中普遍发育	1. 产状与岩层一致或受其控制,非沉积变质岩片理只反映区域构造应力场特点 2. 片理延续性较差、分布密集 3. 片理面较平整或为波浪式,在岩体深部呈闭合状

（本表根据中国科学院地质研究所资料）

（1）沉积结构面

这类结构面是指沉积建造中形成的物质分异面。它包括层面、软弱夹层及沉积间断面（不整合面、假整合面等）。它的产状一般与岩层一致,空间延续性强。海相岩层中,此类结构面分布稳定,陆相及滨海相岩层中呈交错状,易尖灭。层面软弱夹层等结构面较为平整;沉积间断面多由碎屑、泥质物质构成,且不平整。沿着这些面的抗剪强度要比垂直于这些面的方向上的低得多;若沿着这些面有由地面渗入水带来的黏土物质,抗剪强度就会更低。因此,分析岩体稳定性时,一定要查明这些普遍分布而又延展范围很大的沉积结构面。国内外较大的坝基滑动及滑坡很多由此类结构面造成,如法国的 Malpasset 拱坝的破坏、意大利Vajont 坝的巨大滑坡等。

（2）火成结构面

这类结构面系指岩浆侵入及冷凝过程中形成的原生结构面。它包括岩浆岩体与围岩接触面,多次侵入的岩浆岩之间接触面、软弱蚀变带、挤压破碎带、岩浆岩体中冷凝的原生节理以及岩浆侵入流动的冷凝过程中形成的流纹和流层的层面等。

（3）变质结构面

变质结构面是在区域变质作用中形成的结构面,如片理、片岩夹层等。片岩软弱夹层含片状矿物,呈鳞片状。片理面一般呈波状,片理短小,分布极密,但这种密集的片理,延展范围可以很大。

变质较浅的沉积变质岩（如千枚岩等）路堑边坡常见塌方。片岩夹层有时对工程及地下洞体的稳定性也有影响。

2）构造结构面

构造结构面是指岩体受地壳运动（构造应力）的作用形成的结构面,如断层、节理、劈理以及由于层间错动而引起的破碎层等。其中以节理分布最广泛,而断层的延伸规模很大（表1-2）。

表 1-2　构造结构面类型及其主要特征

地质类型	力学成因	工程实例	主要特征
劈理	压扭性	基岩区很常见	一般短小密集
节理	张性	基岩区到处可见	1. 张节理一般具有陡立或陡倾产状,其走向垂直岩层走向。扭节理斜交岩层走向,与岩层夹角则为,岩层愈陡则夹角愈大;扭节理倾角随岩层倾角变陡而变缓,当岩层陡立时,其倾角为 40°～60°,走向近于垂直岩层 2. 张节理一般短小,延续性不强,而扭节理延伸较强 3. 张节理不平整,宽窄不一,而扭节理平直光滑
节理	扭性（平面 X 型）	基岩区到处可见	
节理	扭性（侧面 X 型）	基岩区到处可见	
断层	张性	山西浑河某工程 F_1	1. 张性断层倾角甚陡,垂直岩层走向,它有时追踪 X 型扭节理发育。扭性断层产状同扭节理,压性断层走向平行于岩层,可顺层亦可切层,在陡立岩层中,其倾角仅 20°～30° 2. 对工程而言,断层为延续性较强的结构面,而有时被错断便失去连续性 3. 结构及充填情况,视岩体物质组成而异。一般认为压性断层,以断层泥、糜棱岩、泥状岩为主,呈带状分布,扭性断层宽度较为稳定,以糜棱岩、角砾岩为主,两侧羽毛状节理发育,张性断层以破碎岩、角砾岩为主,破碎程度参差不齐,常有物质充填
断层	扭性	贵州猫跳河三级电站 F_{53},F_{10}	
断层	压性	四川某电站坝址 F_3	

（本表根据中国科学院地质研究所资料）

（1）断层

断层一般是指位移显著的构造结构面,其规模有大也有小,有的深切岩石圈甚至上地幔,有的仅限于地壳表层至地表数十米。综合分析它的特征、空间分布及其与工程建筑物的关系,对评价和论证地基稳定性、渗漏与工程处理措施的选择等各方面问题,具有极为重大的理论和实践意义。按其几何形态分为正断层、逆断层和平移断层;按力学性质分为压性、张性、扭性、压扭性和张扭性五类。张性断层面参差不齐、宽窄不一、粗糙不平,很少有擦痕,裂面中常充填附近岩层的岩石碎块,有时沿裂面常有岩脉或矿脉充填,或有岩浆岩侵入。压性断层主要指压性逆断层、逆掩断层等。压性结构面一般呈舒缓波状,沿走向和倾向方向都有这种特征,常伴有与走向大致垂直的逆冲擦痕。扭性断层主要指平移断层等,其裂面产状稳定,平直光滑,组成断层带的构造岩以角砾岩为主,而它往往因碾磨甚细而成糜棱状。

（2）节理

节理分为张节理、剪节理。张节理是岩体在张应力作用下形成的一系列裂隙组合,裂隙宽度大,延伸短,表面粗糙,分布不均,在砾岩中裂隙面多绕砾石而过。剪节理是岩体在剪应力作用下形成的一系列裂隙的组合,其特点是裂隙闭合、裂隙面延伸远且方位稳定、光滑,在砾岩中裂隙面常切穿砾石而过。

（3）劈理

在地应力作用下,岩石沿着一定方向产生密集的、大致平行的破裂面,岩石的这种平行密集的破开现象,一般称为劈理。劈理的密集性,与岩层的力学性质和厚度等因素有关。劈理根据本身特征,可分为破劈理、流劈理和滑劈理。破劈理由一组密集的、微细的、大体平行的面组成,这些面多数属剪切裂面,其形成常常与褶皱作用和断裂作用密切相关。褶皱作用可形成平行于层面的破劈理和斜交层面的扇形破劈理,断裂作用形成一对共轭的破劈理。流劈理是岩石形变和矿物相变同时作用的结果,矿物的重结晶作用是重要因素,它的生成与变质作用紧密相关。滑劈理是破劈理和流劈理之间的过渡形式,主要见于微细薄层状双纹层状及片状岩中,这类岩石往往具有不同程度的变质,如千枚岩、片岩等。

3) 次生结构面

岩体在外营力(如卸荷、风化、应力变化、地下水、人工爆破等)作用下而形成的结构面,称之为次生结构面(表1-3)。

(1) 风化裂隙

风化裂隙是由风化作用在地壳的表部形成的裂隙。风化作用沿着岩石软弱的部位,如层理劈理、片麻构造以及岩石中晶体之间的结合面等,产生新的裂隙,并使岩体中原生结构面和构造结构面扩大、变宽。风化裂隙由于其密集且普遍地存在于地壳表层的一定深度,形成风化层或风化囊。它的深度在 10～50 m 范围内,局部的,如构造破碎带,可达 100 m,甚至更深。

(2) 卸荷裂隙

卸荷裂隙是由于岩体表部被剥蚀,下部仍在围压之下而膨胀回弹,产生的平行于地表面的张裂隙。在河谷地区,岩体受河流切割而临空的条件下,应力释放,相应产生垂直于地表的张应力,形成了基本平行于河谷岸坡表面的卸荷裂隙。

表 1-3 次生结构面类型及主要特征

地质作用	地质类型	工程实例	主要特征
卸荷作用	卸荷裂隙	1. 福建某坝址花岗岩中卸荷裂隙 2. 某坝址流纹岩中卸荷裂隙 3. 四川某坝址左岸砂岩中,岸坡裂隙	1. 产状平行于岸坡 2. 延续性不强,常在地表20～40 m内发育 3. 属张裂隙面,粗糙不平,常张开,为黏土及风化碎屑物所充填
风化作用	风化裂隙	无一定产状,短小密集,破碎面参差不齐	

(本表根据中国科学院地质研究所资料)

1.2.2 软弱夹层与构造岩

1) 软弱夹层

软弱夹层是一种特殊的结构面。当岩体结构面成为具有一定厚度的相对软弱的层状地质体时,便构成软弱夹层,或称软弱带。由于它具有一定的厚度,不仅对岩体滑移稳定性具有重要意义,而且在地基中可能产生明显压缩、沉降变形。水利水电工程中经常遇到岩体中软弱夹层的问题,我国已建成或正在设计、施工的大坝坝基中,就有三分之二涉及软弱夹层问题,在世界上有关坝工失事的资料中,由于软弱夹层而引起事故者也不少,如美国 Austin 重力坝的失事,就是坝基沿石灰岩中的页岩夹层滑动所致。

软弱夹层按成因,可分为原生软弱夹层、构造软弱夹层和次生软弱夹层(表1-4)。

表 1-4　软弱夹层成因类型

成因	地质类型	基本特征	实例
原生软弱夹层	沉积软弱夹层	产状与岩层相同,厚度较小,延续性较好,也有尖灭的。含黏土矿物多、细微层理发育,易风化、泥化、软化,抗剪强度低	板溪的板溪群中泥质板岩夹层;新安江志留、泥盆、石炭系中页岩夹层;贵州某工程,寒武系中泥质灰岩及页岩夹层;山西某工程奥陶系灰岩中石膏夹层;四川某坝陆相碎屑岩中黏土页岩夹层;辽宁浑河某坝凝灰集块岩中凝灰质岩
	火成软弱夹层	成层或透镜体,厚度小,易软化,抗剪强度低	浙江衢衢江某工程火山岩中的凝灰质岩
	变质软弱夹层	产状与层理一致,延续性较差,片状矿物多,呈鳞片状,抗剪强度低	甘肃某工程、佛子岭工程的变质岩中云母片岩夹层
构造软弱夹层	层间破碎软弱夹层	产状与岩层相同,延续性强,在层状岩体中沿软弱夹层发育。物质破碎,呈鳞片状,往往含呈条带状分布的泥质	沅水某坝板溪群中板岩硫碎夹层;上犹江泥盆系板岩破碎泥化夹层;四川某坝侏罗系砂页岩中层间错动碎夹层
次生软弱夹层	风化夹层　夹层风化	产状与岩层一致,或受岩体产状制约,风化带内延续性好,深部风化减弱。物质松软,破碎,含泥,抗剪强度低	磨子潭工程黑云母角闪片岩风化夹层;青弋江某工程砂页岩中风化煌斑岩;福建某工程石英脉与花岗岩接触风化面
	风化夹层　断裂风化	沿节理、断层发育,产状受其控制,延续性不强,一般仅限于地表附近,物质松散,破碎,含泥,抗剪强度低	许多工程的风化断层带及节理
	泥化夹层　夹层泥化	产状与岩层相同,沿软弱层表部发育,延续性强,但各段泥化程度不一。软弱面泥化,呈塑性,面光滑,抗剪强度低	沅水某坝板溪群泥化泥质板岩夹层;四川某电站泥化黏土页岩
	泥化夹层　次生夹层　层面	产状受岩层制约,延续性差,近地表发育,常成透镜体,物质细腻,呈塑性,甚至呈流态,强度甚低	四川某坝砂页岩层面夹泥;安徽某坝不整合面上脱土夹层
	泥化夹层　次生夹层　断裂面	产状受原岩结构面制约,常较陡,延续性差。物质细腻,结构单一,物理力学性质差	福建某坝花岗岩裂隙夹泥;四川某坝砂岩岸坡裂隙夹泥;四川某坝砂岩反倾向裂隙夹泥

（本表根据中国科学院地质研究所资料）

　　软弱夹层中,最常见和危害较大的是泥化夹层。这种泥化夹层多发生在上下相对坚硬而中间软弱的岩层组合中。泥化夹层具有由原岩结构改变而形成的泥质散状结构,或泥质定向结构;黏泥含量较原岩增多;含水量接近或超过塑限,干容重比原岩小;常表现出一定膨胀性,其膨胀量和膨胀力的大小与黏土矿物类型及有机质含量有关;力学强度大大降低,与松散土相似,压缩性增大,属中等高压缩性;由于结构松散,抗压强度低。因此,在渗透水流作用下,可能产生渗透变形等特征。

2) 构造岩

构造岩是指由于构造运动形成的断层破碎带中岩石的总和。这些岩石与母岩相比,在岩石结构、构造、成分、岩石完整性、坚硬程度、物理力学性质等方面都具有显著差别。

(1) 构造岩类型及特征

断层破碎带由于构造应力性质和强弱不同,成因条件不同,因而形成了各种不同类型的岩石,其中包括压碎岩、断层角砾岩、糜棱岩、断层泥等(表1-5)。

表1-5 充填型结构面描述指标体系

内容			指标体系	
	构造描述		破裂岩、角砾岩、碎裂岩、糜棱岩、断层泥、次生泥、岩脉、矿脉	
物质组成	工程地质描述	单矿物或脉体	石英脉、方解石脉、片状绿泥石、绿帘石	
		非单矿物	1. 按岩块、砾、岩屑、泥粒径描述 岩块>60 mm;粗砾20~60 mm;中砾5~20 mm;细砾2~5 mm;岩屑0.075~2 mm;泥<0.075 mm 2. 可按各种物质组成进行组合命名 岩块型:岩块含量>90% 含砾块型:岩块含量>70%、砾含量<30% 砾(细砾、中砾、粗砾)型:砾含量>90% 含屑砾型:砾含量>70%,岩屑含量<30% 岩屑砾型:岩屑和砾的含量各占50%+20%或50%−20% 岩屑型:岩屑含量>90%	
破碎带	结构类型	单结构型	裂隙型	破裂面两侧岩体完整,无明显构造破坏痕迹,但裂面平直,延伸较远
			破裂岩型	由蚀变破裂岩或岩块构成的"断层"带,无明显的断层面
			压片岩型	由挤压片理或扁平状透镜体构成的破碎带,胶结好
			岩块型	
			砾型	
		复结构型	硬接触型	单面破裂型	破裂面可位于破碎带的上、中、下侧,破碎带内物质固结紧密
				双面破裂型	破裂面可位于破碎带的两侧,破碎带内物质固结紧密
			含软弱物质	破碎夹屑(泥)型	破碎带结构中间有0.5~2 cm的岩屑,或含泥屑或片状绿泥石夹层,两侧为砾型或岩块型构造岩的破碎带,一般性状较差
				破碎双裂夹屑(泥)型	破碎带具有两个夹屑(或泥)的破裂面,位于破碎带的上、下侧
				破碎单裂夹屑(泥)型	破碎带具有一个夹屑(或泥)的破裂面,位于破碎带的上侧或下侧

内容		指标体系
断层性状描述	蚀变特征	钾长石化、黄铁矿-石英化(硅化)、绿帘石(石英)化、绿泥石化、方解石化
	风化状态	新鲜:无浸染或零星轻微浸染 微风化:零星轻微浸染,有水蚀痕迹 弱风化:普遍浸染,或呈淡黄色,有岩粉、岩屑
	胶结类型	好:硅质或硅化胶结(褐铁矿、黄铁矿)、绿帘石 较好:完整方解石脉胶结 中等:局部方解石脉或方解石团块胶结 差:岩屑、粉或少量钙质,片状绿泥石
	密实程度(破碎带)	密实:胶结好、紧密,片理闭合 中密:胶结中等(钙质或方解石脉),但有局部的空区 疏松:胶结差—中等,呈架空状 松散:胶结差,呈散体状
	地下水	干燥、潮湿、渗水、滴水、线状流水、股状涌水
	起伏特征	平直+光滑、稍粗、粗糙 波状+光滑、稍粗、粗糙 阶坎+光滑、稍粗、粗糙

① 压碎岩　由碎块及充填隙间的碎裂物固结而成,可进一步分为粗裂岩和嵌裂岩两类,分布在断层影响带、挤压破碎带和松弛拉张带中。

② 断层角砾岩　由构造角砾和碎裂物组成。

构造角砾——粘径在 $2\sim60$ cm 者,其中磨圆或压扁者可称为磨砾或眼球体。

碎裂物——其粘径小于 2 cm,进一步可分为:①碎斑($0.2\sim2$ cm),肉眼可辨;②碎粒($0.02\sim0.2$ cm),手搓可感,镜下可辨;③碎粉(<0.02 cm),呈粉状。

③ 碎裂岩(糜棱岩)　其中的碎裂物含量大于 50%。根据碎裂物特征可分为碎斑岩、碎粒岩、碎粉岩及超碎裂岩等。

④ 断层泥　由碎裂物在破碎带中因水化作用等蚀变成的黏土矿物。

(2) 破碎带物质组成的工程地质描述

对包含破碎带的结构面而言,结构面物质组分的描述可根据其颗粒组成进行,这是因为颗粒组成与结构面工程地质特性有着最为密切的联系。

为了查明结构面物质组成的基本情况,可采用现场筛分的方式,以粒度成分分析为依据将该结构面物质定义为以下 4 种类型,即泥(<0.075 mm)、岩屑($0.075\sim2$ mm)、砾($2\sim60$ mm)、岩块(>60 mm),其中砾又可分为细砾($2\sim5$ mm)、中砾($5\sim20$ mm)和粗砾($20\sim60$ mm)。

根据在结构面中上述 4 种物质类型所占的比例,可按以下原则对结构面物质组成进行定名描述:

① 结构面中某种成分占绝对优势($>90\%$),则以单成分进行命名,如砾型等。

② 结构面中主成分含量为 $70\%\sim90\%$,次成分含量为 $10\%\sim30\%$,则以"含××主成分"命名,如含屑砾型。

③ 结构面中主成分含量为 50%～70%，次成分含量为 30%～50%，命名时次成分冠于主成分之前，如岩屑砾型。

④ 结构面中若夹断层泥或次生泥，则在名称前冠以"夹泥××型"命名。

（3）破碎带蚀变特征

结构面因热液活动或水化作用等常发生蚀变，常见以下类型：

① 钾长石化　在破碎带中表现为裂隙壁或碎块的红化（钠长石蚀变为微斜长石等），为地质历史时期岩浆热液蚀变产物。

② 黄铁矿-石英化（硅化）　表现为黄铁矿细脉及黄铁矿石英细脉沿裂隙穿插、交代，也为地质历史时期热液蚀变产物。

③ 绿帘石（石英）化　由黄绿色绿帘石（石英）脉沿裂隙充填、交代而成，脉厚一般为 2～5 mm。

④ 绿泥石化　表现为深绿色绿泥石薄膜沿结构面充填，多由碎裂物蚀变而成，是野外最常见的蚀变现象。

⑤ 方解石化　由方解石脉或团块充填裂缝而成，也是野外常见的蚀变现象。其中发育晶簇者多为近期构造作用形成空间后，因地下水活动而形成。

1.2.3　结构面的特征描述

关于结构面描述的基本指标体系，国际岩石力学学会曾建议过一套标准（表 1-6），我国水电等部门也制定过一些部门标准。

表 1-6　裂隙结构面描述指标体系

结构面描述	方位	结构面的空间位置，用倾向和倾角来描述
	组数	组成相互交叉裂隙系的裂隙组的数目，岩体可被单个结构面进一步分割
	间距	相邻结构面之间的垂直距离，通常指的是一组裂隙的平均间距或典型间距
	延续性	在露头中所观测到的结构面的可追索长度
	连长	结构面在露头上的出露长度
	粗糙度	固有的表面粗糙度和相对于结构面平均平面的起伏程度
	隙壁强度	结构面相邻岩壁的等效抗压强度
	张开度	结构面两相邻岩壁间的垂直距离，其中充填有空气或水
	充填物	隔离结构面两相邻岩壁的物质，通常比母岩弱
	地下水	在单一的结构面中或整个岩体中可见的水分和自由水分

由于岩体结构面在岩体中分布的随机性、大量普遍性及提供调查露头的局限性，因而如何查明结构面的上述特征，一直是工程地质和岩石力学领域的难题。目前主要是通过在岩石露头上布置各种形式的测网、测线或统计窗对现场的岩体裂隙进行大量的调查与测量，在此基础上，通过统计模型，获取表征结构面的各项参数，从而建立定量化的岩体结构模型，其基本程式如图 1-1 所示。

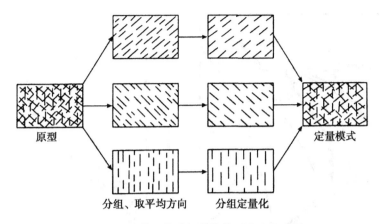

原型　　　　　　　　　　　　　　　　　　　定量模式

分组、取平均方向　　分组定量化

图 1-1　岩体结构特征量化模型建立程式图

1) 结构面的几何形态

岩体中各种结构面的抗剪强度与其存在的状态密切相关,已胶结的结构面,主要取决于胶结物成分和胶结类型;未胶结的结构面,则首先要看它是否被充填。已被充填的结构面主要取决于充填物的成分和厚度;无充填物的结构面的强度,则取决于结构面两壁的起伏形态、粗糙度和凸起体的强度。因此弄清结构面的几何形态是十分重要的。

结构面的形态主要有:平直型、曲折型和波状起伏型。平直型包括一般层面、片理、原生节理及剪切破裂面;曲折型包括张性、张扭性结构面,具有交错层理和龟裂纹的层面、缝合线,也包括一般迁就已有裂隙而发育的次生结构面,以及沉积间断面;波状起伏型包括具有波痕的层理、轻度揉曲的片理、沿走向和倾向均呈舒缓波状的压性和压扭性结构面。

结构面的光滑度和粗糙度可以反映结构面的性状。所以结构面的性状分为:极粗糙、粗糙、一般、光滑、极光滑五个等级。通常,岩体中沉积间断面、张性和张扭性的构造结构面、泥裂以及次生结构面等属于粗糙或极粗糙;层面、片理、原生节理等属于一般;由绢云母等片状矿物集合体形成的片理和一般压性、压扭性构造结构面属于光滑。

2) 结构面的等距性

地质作用中有一个十分有意思而又十分重要的现象,那就是破裂面的等距性。说它有意思,是因为小至劈理大至地壳断裂都具有等距性分布规律。说它重要,是因为它提供给我们研究岩体结构及岩体力学模型的一个重要依据,它可以帮助我们判断和指导我们寻找隐伏的不同级序的结构面,以及各结构面的力学特性。李兴唐(1980)编制的华北地区前震旦纪断裂分布图(图 1-2),大体上亦具有等距性。因为大陆地壳结构比海洋地壳复杂,其规律很明显不如洋底的清楚。

破裂构造的等距性确实广泛存在。对层状岩体等级序的节理统计研究结果表明,节理间距与其所切穿的岩层厚度密切相关。孙广忠在几个地区的统计结果(图 1-3)表明,节理间距与所切割的岩层厚度的比值为 1/2～2,多数为 1:1,岩浆岩亦有类似的规律。结构面的等距性规律只存在于同级序的结构面之中。不分级序的统计,是得不到这种规律的。

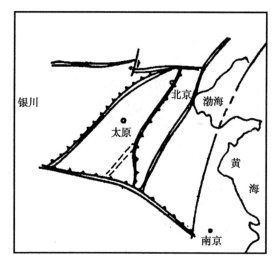

图 1-2 华北地区前震旦纪深大断裂分布

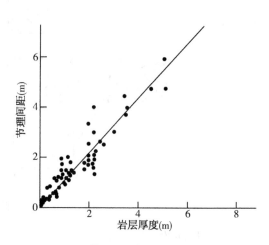

图 1-3 节理间距与岩层厚度的关系

3）结构面贯通性

结构面贯通性将地质信息抽象为地质模型，和结构面的等距性一样，极为重要。断层、层间错动以及劈理具有明显的贯通性。在工程范围内，常常把它们抽象为贯通性结构面。在目前的岩体力学实践中，有三种基本的节理切割构成的地质模型或节理模型（图 1-4）。第一种是贯通切割节理模型，第二种是不贯通切割节理模型，第三种是贯而不通节理模型。这个问题比较复杂，因为在岩体表面见到的节理往往是延展很长的，对一定规模的岩体可以视为贯通的，而在岩体内部见到的节理则常常是断续的。

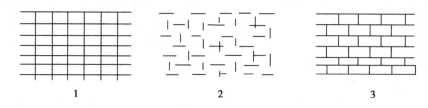

1. 贯通切割节理模型；2. 不贯通切割节理模型；3. 贯而不通节理模型

图 1-4 节理模型种类

4）结构面级序及其地质特征

结构面分级是研究结构面地质规律的重要基础。结构面影响岩体力学作用的地质因素有许多，尤其是充填状况及其规模，具有重要意义。结构面内夹有软弱物质者属于软弱结构面，无充填物者则属于坚硬结构面。软弱结构面不论对地质力学作用，还是岩体力学作用都具有重要意义。

岩体稳定性是受结构面所控制的。由于结构面的规模不同，在工程上的影响也就不同。因此，对结构面的分级研究具有实际意义。工程实践涉及的岩体是有一定规模的，一定规模的岩体内发育的结构面按其规模及其力学效应可划分为表 1-7 所示的五级二类。习惯上，将其分为五级。

表 1-7 结构面规模及其力学效应划分表

级序	分级依据	力学效应	力学属性	地质构造特征
Ⅰ级	结构面延展长,几千米至几十千米以上,贯通岩体,破碎带宽度达数米至数十米	1. 形成岩体力学作用边界 2. 岩体变形和破坏的控制条件 3. 构成独立的力学介质单元	1. 属于软弱结构面 2. 构成独立的力学模型——软弱夹层	较大的断层
Ⅱ级	延展规模与研究的岩体相若,破碎带宽度比较窄,为几厘米至数米	1. 形成决裂体边界 2. 控制岩体变形和破坏方式 3. 构成次级地应力场边界	属于软弱结构面	小断层层间错动面
Ⅲ级	延展长度短,从十几米至几十米,无破碎带,面内不夹泥,有的具有泥膜	1. 参与块裂岩体切割 2. 划分岩体 11 级结构类型的重要依据 3. 构成次级地应力场边界	多数属于坚硬结构面,少数属于软弱结构面	不夹泥大节理或小断层开裂的层面
Ⅳ级	延展短,未错动,不夹泥,有的呈弱结合状态	1. 划分岩体 11 级结构类型的基本依据 2. 是岩体力学性质、结构效应的基础 3. 有的为次级地应力场边界	坚硬结构面	节理 劈理 层面 次生裂隙
Ⅴ级	结构面小,且连续性差	1. 岩体内形成应力集中 2. 岩块力学性质结构效应基础	坚硬结构面	不连续的小节理隐节理/层面片/节理

Ⅰ级结构面

在走向上延展甚远,一般为数十千米以上,深度至少可以切穿一个构造层,破碎带的宽度在数米以上。泛指对区域构造起控制作用的断裂带,是地壳或区域内的巨型地质结构面。这级结构面的存在关系到工程所在区域的稳定性,直接影响工程岩体的稳定性,在工程具体部位出露这种规模巨大的破碎带,威胁甚大。

Ⅱ级结构面

延展数百米至数千米、延深数百米以上的区域性地质界面。一般贯穿着整个工程区的不整合、假整合、原生软弱夹层等,或切穿某一具体部位的断层、层间错动、接触破碎带、风化夹层等。它影响着工程的总体布局,控制着岩体的稳定性,是岩体力学作用的边界。

Ⅲ级结构面

一般在数百米范围内的断层、挤压或接触破碎带、风化夹层,其宽度在 1 m 以下,它直接影响着工程岩体的稳定性,制约着岩体的破坏方式。

Ⅳ级结构面

一般在数米范围内,延展性差,无明显宽度的结构面,如节理、层面、片理、原生冷凝节理和劈理等。它们仅仅在小范围内局部地把岩体切割成岩块。

Ⅴ级结构面

延展性甚差、无厚度之别、随机分布、为数甚多的细小的结构面，如微小的节理、劈理隐微裂隙、不发育的片理、线理、微层理等。

其中Ⅰ、Ⅱ级属于软弱结构面，Ⅲ、Ⅳ及Ⅴ级属于坚硬结构面。Ⅰ、Ⅱ级结构面的特点是规模大，这种结构面可延伸几千米至数十千米。结构面内破碎带宽度较大，变化较大，这与结构面的地质力学属性有关。这种厚大结构面的上下盘面性质及其结构面内物质成分和结构也是很复杂的，它对结构面力学性质及力学作用机制有明显的影响。对这类结构面来说，应重视研究如下三方面的地质特征：

(1) 上下盘面形态；

(2) 结构面内物质特征；

(3) 结构面产状及其组合特征。

结构面上下盘面的形态与结构面的地质力学属性密切相关。如张性结构面多粗糙、起伏；扭性结构面多平直、光滑，它对结构面力学性质有很大影响，这种影响可用结构面的起伏度来反映。

起伏度系指与工程岩体规模相当的结构面起伏不平状况。它可用两个特征来描述，即起伏差和起伏角。根据力学作用，起伏角可取名为爬坡角。对结构面的力学作用来说，起伏度的力学效应主要由爬坡角来反映。爬坡角的力学效应与结构面内充填物质厚度关系很大。一般来说，当结构面充填的软弱物质厚度小于起伏差时，爬坡角在起作用；当充填的软弱物质厚度大于起伏差时，爬坡角的力学效应便逐渐消失。在研究爬坡角的力学效应时，不应只看到爬坡角力学效应本身，而必须看到爬坡角起作用的条件。

结构面内软弱物质的力学效应由三种地质因素来反映，包括：①厚度；②物质成分；③结构。结构面内软弱物质厚度，按其力学效应，可分为三种类型：

(1) 薄膜　厚度一般小于 1 mm，多为次生的黏土类矿物及蚀变矿物，如高岭石、伊利石等，这种薄膜可使结构面的基本强度大大降低。

(2) 薄层　厚度与起伏差相若，结构面强度主要决定于软弱物质的力学效应及充填度的力学效应。结构面内存在薄层软弱物质时，岩体主要破坏方式为岩块沿结构面滑移。它是岩体内重要的软弱结构面，应特别注意研究。

(3) 厚层　厚度从几十厘米至几十米不等，实际上已不能简单地将其视为结构面。结构面存在这样厚大的软弱物质时，岩体破坏方式已不仅是岩块沿结构面滑移，而且其本身常以塑性流动方式挤出，从而导致岩体大规模破坏。这种厚层的软弱物质属于一种特殊的力学模型，即软弱夹层，应专门进行研究。

结构面内软弱物质常见的成分为泥质、碎屑质、角砾三种。其中泥质的矿物成分受含水量影响很大。如在低湿度压密状态下断层泥黏聚力 c 值可达 $0.05\sim0.1$ MPa，摩擦角 f 为 $17°\sim20°$。而浸水后，c 值一般低至 $0.005\sim0.02$ MPa，f 随矿物成分变化很大，如蚀变合水矿物可低至 $3°\sim5°$，黏土矿物可低至 $8°\sim12°$。当含水量达 80% 时，以蒙脱土为主的洞穴黏土的 f 值低到接近于零。碎屑及角砾物质的强度与其内含的黏土质数量关系极大，含泥质愈多，强度愈低。

结构面软弱物质的结构对岩体的强度及破坏方式（软弱夹层）有着重要影响。一般来说,结构面中软弱物质内还存在微结构面。结构面及微结构面表面上物质常呈定向排列,且细颗粒在多次错动作用下浮于表面,粗颗粒物质沉于深部,造成结构面内强度薄弱界面,形成优先破坏条件,这是软弱结构面的另一软弱特征。

对岩体稳定性来说,软弱结构面不一定是控制岩体稳定性的危险结构面,构成危险结构面还必须有两个条件,即临空和产状。临空是构成危险结构面的条件之一,它多半是工程因素造成的。有时在工程作用下产生大变形的破碎带亦构成临空条件,这是一种假临空面。产状是结构面的重要地质特征,又是构成危险结构面的重要因素之一。

对于Ⅲ、Ⅳ级结构面来说,结构面产状是影响碎裂介质岩体强度的因素之一。而对Ⅰ、Ⅱ级结构面来说,产状则控制着岩体的破坏条件,它控制着岩块沿结构面滑动的机制。如在边坡岩体内,结构面倾向坡内,即反坡倾向时,构成块体的切割面,顺坡向的构成滑动面;在坝基岩体内,倾向下游的结构面的主要力学效应是构成滑动块体的切割面,当倾角很缓时亦有滑动面的作用,而倾向上游的则主要表现为滑动面,这类结构面的力学性质对坝基岩体稳定性具有控制作用。

以块体沿结构面滑动的岩体破坏很少是由单一结构面造成的,而多半是由两条以上结构面组合造成的。结构面组合形成的滑块其控制因素是组合交线的产状,其力学效应与结构面产状类似。在研究Ⅰ、Ⅱ级结构面特别是软弱结构面时,必须认真地测绘各结构面的产状及其空间分布,以便于进一步研究岩体稳定性。

上述表明,夹有软弱物质Ⅰ、Ⅱ级软弱结构面是岩体破坏的控制因素,当岩体存在这种软弱结构时,岩体就具有沿着它滑动的优先破坏条件。显然,软弱结构面是鉴别岩体破坏方式及力学介质类型的基本依据,在岩体力学工作中必须认真进行研究。

Ⅲ、Ⅳ级结构面延展长度仅数米至几十米,一般未经错动或微错动而不夹泥,故这种结构面属于坚硬结构面。这种结构面连续性差,面粗糙,在工程岩体内属非贯通性的,它们大多影响岩体的力学性质,而对岩体破坏来说不一定具有控制作用。发育这种结构面的岩体的破坏主要受于岩体内的地应力状态及岩体的力学性质控制,这种结构面对岩体的力学作用影响主要反映在结构面密度、分散性及产状上。

结构面密度可用单位量度内发育结构面条数描述,亦可用结构体块度,即结构体大小来描述。岩体内结构面密度或结构体块度与岩层厚度密切相关。岩层愈薄结构面密度愈大,结构体块度愈小;岩层厚度愈大,结构面密度愈小,结构体块度愈大。

结构面分散性可用结构面产状组数来描述。岩体内结构面产状组数愈多,结构体形状愈复杂,岩体的力学性质随机性愈大,镶嵌咬合能力愈大。显然,对Ⅲ、Ⅳ级结构面来说,它在岩体内发育的密度及组数,或者说它所形成的结构体块度及形状对岩体强度有很大的影响。对坚硬岩石组成的岩体来说,它直接控制着岩体强度。据此,可以根据岩体内结构面密度(或结构体块度)及结构面组数(或结构体形状)将岩体划分为若干结构类型,这样可以帮助我们进一步认识岩体的力学性能。

应当注意到,在一些古老的变质岩区或岩浆活动强烈的地槽区,结构面内往往充填大量的次生和蚀变矿物,这些次生和蚀变矿物对岩体起一种软化作用。在这类地区进行岩体力学研究时,应当特别重视这种具有软化作用的次生和蚀变矿物发育特点。它的作用主要表现在对岩体的软化上,而丝毫不降低或掩盖结构面的力学效应。

Ⅴ级结构面的特点是小且不连续,肉眼难以观察到,实际上在岩体内是大量存在的。如

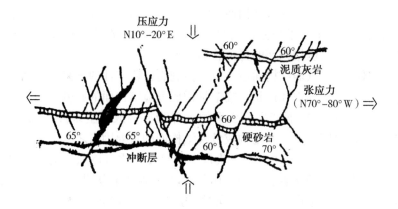

图 1-5　被愈合的节理及剪张裂口(谷德振,1979)

果把Ⅲ、Ⅳ级结构面为显节理,则Ⅴ级结构面主要为隐节理。被硅质、钙质愈合的显节理,层理面及片理面上的开裂,剪张裂口(图 1-5)或发育不全的劈理,连续性极差的小节理亦当属于此类。Ⅴ级结构面多弯曲、粗糙,无软弱物质充填,属坚硬结构面。

1.3　结构体特征

1.3.1　结构体分级

对结构体来说,结构体级序也是研究结构体特征的基础。在研究结构体其他特征之前,首先应对结构体进行分级。

结构体分级主要依据于切割成结构体的结构面类型或级序及结构体块度。对工程岩体来说,与切割成结构体的结构面类型相对应,结构体可分为两级,这就是:

①　Ⅰ级结构体　被软弱结构面切割成的大型岩块;

②　Ⅱ级结构体　被坚硬结构面切割成的小型岩块。

实际上,Ⅰ级结构体是由断层和层间错动带切割成的结构体,Ⅱ级结构体是由各种节理、层理面、劈理面切割成的小型结构体。

1.3.2　结构体分类

结构体分类主要依据于结构体形状。结构体形状与切割岩体的结构面组数有关;而结构面组数与结构面力学类型有关,软弱结构面在一个小区域内很少超过三组,坚硬结构面可多至五组、六组。与此相应,结构体形状也有多种。对结构体形状有两种研究方法:一种是直观观察聚类分析,另一种是利用概率分析方法进行研究。根据直观观察聚类分析,常见的结构体形状有:

①　板状结构体

由一组主要结构面分割形成的结构体,如由劈理切割形成的结构体;软硬相间的层状岩体在层间错动切割下形成的板状结构体;有的在节理附加切割下形成组合板状结构体。

② 柱状结构体

玄武岩体柱状节理切割面的柱状结构体。

③ 面体状结构体

这类结构体较为常见。在轻微构造运动区发育的棋盘格式节理切割下及块状岩浆岩在原生节理切割下形成的结构体都属于这类结构体。

④ 四面体状结构体

这也是一种常见的结构体,它是由四组或更多组节理切割成的结构体,有的为软弱结构面切割的,有的为坚硬结构面切割的。结构体的形状与区域构造运动强度有密切关系,如轻微的构造运动区大多发育有棋盘格式节理,它切割成的结构体多数为短柱状六面;在强烈构造运动区,节理组数多,大多至3~4组,常呈"米"字形组合,在它切割下形成的结构体常呈多边形、角柱状、楔锥体,结构体有时呈弯曲状;在劈理发育的地区,则发育有板状结构体。

总体来说,结构体的形状是多种多样的,常见的有如图1-6所示的一些类型。按其力学作用功能,又可归并为两大类:

① 块状结构体

包括柱状、锥状结构体,结构体各向尺寸接近相等或相等,其力学作用以压碎、滚动、滑动为主。

② 板(柱)状结构体

板的厚度与延展长度或宽度比小于1∶15,其力学作用主要为弯曲变形和滑动破坏。结构体形状不仅与构造运动强度有关,而且与岩石类型有关。如晚近形成的玄武岩、流纹岩常由单一种的柱状或块状结构体组成。花岗岩、闪长岩等块状岩体由原生节理切割成的短柱状或块状结构体组成。而厚层砂岩及灰岩常由块状结构体组成。薄层及中厚层砂岩页岩互层岩体在褶皱作用下常形成板状结构体,岩体具有板裂结构。

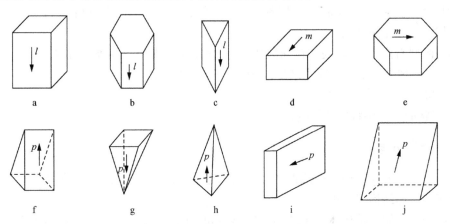

a,b,c为柱状结构体;d,e,i为板状结构体;f,g,h,j为锥形结构体

图1-6 结构体形状典型类型

上述这种结构体形状的研究方法有其优点,也有其不足之处。它无法给出一种岩体内结构体形状特征,因为任何一种岩体都不会由一种形状结构体组成,而常常是由多种形状结构体构成的。各种形状的结构体在岩体内占的比例和主要成分的结构体形状及其所占的比例,对认识岩体力学特性及岩体力学抽象模型具有重要意义。

1.4 岩体结构的级序及类型

1.4.1 岩体结构分类依据

岩体结构的定义中曾明确指出过,"不同类型结构单元组合、排列型式"决定着岩体结构类型的不同,这也是岩体分类的依据。岩体结构单元有两种基本类型:结构面,结构体。结构面又可分为两类:①软弱结构面;②坚硬结构面。结构体又可分为两类:①块状结构体;②板状结构体。它们在岩体内的组合、排列不同构成不同类型岩体结构。同时,自然界的岩体结构是互相包容的,如软弱结构面切割成的结构体内包容着坚硬结构面切割成的次一级的结构体,它们之间存在着级序性关系。如此,可将软弱结构面切割成的岩体结构定义为 I 级结构,坚硬结构面切割成的岩体结构定义为 II 级结构。

在相同级序之内又可按结构体地质特征再划分为不同结构类型,如软弱结构面切割成的 I 级岩体结构,按 I 级结构体类型,又可将 I 级岩体结构划分为块裂结构及板裂结构。具体地说,岩体结构划分的第一个依据是结构面类型。第二个依据是结构面切割程度或结构体类型。在此基础上,又可按原生结构划分为若干亚类。前面曾论述过,原生结构可划分为两大类:①块状结构;②层状结构。在命名上可将原生结构作为形容词置于基本分类命名之前,说明其结构体特征。这个分类依据可以具体说明如下:

(1)第一依据 结构面类型,它规定结构级序:

① 软弱结构面——I 级岩体结构;② 坚硬结构面——II 级岩体结构。

(2)第二依据 结构面切割程度及结构体类型,规定着岩体结构基本类型:

① I 级岩体结构:块状结构体——块裂结构;板状结构体——板裂结构。

② II 级岩体结构:结构面贯通切割——碎裂结构;结构面断续切割——断续结构;无显结构面切割——完整结构。

③过渡型岩体结构:软硬结构面混杂、结构面无序状排列——散体结构。

(3)亚类划分依据 按原生结构,以碎裂结构为例,可分为:

① 块状的——块状碎裂结构;

② 层状的——层状碎裂结构。

1.4.2 分类方案

根据上述的岩体结构分类依据,首先我们依据结构面的类型将岩体结构划分为 I 级、II 级及过渡型岩体结构三大类。

I 级结构岩体的结构体大多数不是完整一块,而又受 III、IV 级结构面不同程度的切割。有的被切割成大小不等、形状不一的碎块,它们被切割成的形状及块度与区域构造运动强度有关。对层状岩体来说,与岩层可分离的单层厚度密切相关,这类结构的岩体我们称为碎裂结构岩体,它的特点主要是由可分离的结构体组成的,也就是说,它如果处于无围压的空间,它的结构体可以分离取出。实际上,在自然界像这样典型的岩体也并不多见,而多半是如图1-7所示,有的切割成分离的块体(如 A),有的并未切割成分离块体(如 B),在剖面上呈贯通切割,在层面上呈不连续切割。而且结构面连续性越大,切割性越高;结构面连续性越小,切割的贯通性越低,即切割不成分离的结构体。这种切割程度低、形不成结构体的岩体均具较好的完整性,如应力传播和岩体变形具有较高的连续性,地下水构不成连续的通道,这种结构的岩体称为完整结构岩体。真正的完整结构岩体是很少见的,而多数是碎裂结构岩体的结构面被愈合残留部分Ⅴ级结构面。如黏土岩、石英岩等常可见到这种情况。这也是完整结构特征,确切地说,名为断续结构。真正的天衣无缝的完整结构岩体在地壳表层比较少见,在地下深部还是存在的。

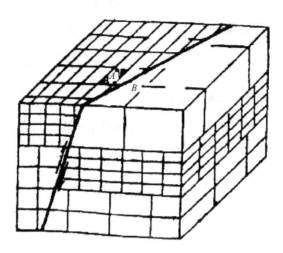

图 1-7　结构面连续性对形成岩体结构的影响

断层破碎带及强风化带内存在另一种结构类型,它们具有两个特点:①结构面和结构体呈无序状排列;②结构面有的为软弱的,有的为坚硬的,有的为软、硬混杂的。这种岩体结构既不是Ⅰ级结构,又不属于Ⅱ级结构。在级序上属于过渡型,我们称之为散体结构。具有这种结构的岩体,一般来说,规模不大,常呈夹层或带状存在,尽管规模不大,但比较常见,是种不可忽视的结构类型,它常是应力消散、地下水畅通、岩体失稳的关键地段。

综上所述,以一个工程建筑关联的地区为度,就结构面对岩体力学作用的影响程度来说,根据分类依据,可以将岩体结构划分为如表 1-8 所示的一些级序和类型,这就是Ⅰ级的块裂结构、板裂结构,Ⅱ级的完整结构、断续结构、碎裂结构及过渡型的散体结构。表 1-8 中所列的岩体结构类型是比较典型的。实际的岩体是比较复杂的,不是绝对属于哪一种结构,而是介于某两种之间。在实际划分岩体结构时,需要有种模糊的观点,只能择其趋向性而定。这也是岩体力学具有不确定性表现的一个方面。

表 1-8　岩体结构分类方案

级	序	结构类型	划分依据	亚类	划分依据
Ⅰ	Ⅰ-1	块裂结构	多组软弱结构面切割,块状结构体	块状块裂结构	原生岩体结构呈块状
				层状块裂结构	原生岩体结构呈层状
	Ⅰ-2	板裂结构	一组软弱结构面切割,板状结构体	块状板裂结构	原生岩体结构呈块状
				层状板裂结构	原生岩体结构呈层状

级	序	结构类型	划分依据	亚类	划分依据
Ⅱ	Ⅱ−1	完整结构	无明显结构面切割	块状完整结构	原生岩体结构呈块状
				层状完整结构	原生岩体结构呈层状
	Ⅱ−2	断续结构	明显结构面断续切割	块状断续结构	原生岩体结构呈块状
				层状断续结构	原生岩体结构呈层状
	Ⅱ−3	碎裂结构	坚硬结构面贯通切割，结构体为块状	块状碎裂结构	原生岩体结构呈块状
				层状碎裂结构	原生岩体结构呈层状
过渡型		散体结构	软、硬结构面混杂结构、面无序状分布	碎屑状散体结构	结构体为角砾，原生岩体结构特征已消失
				糜棱化散体结构	结构体为糜棱质，原生岩体结构特征消失

第二章 结构面的量测与量化分析

为解决岩坡、岩基、洞室围岩稳定等岩体工程地质问题，人们都需要对结构面进行测量，获得结构面的几何状态；隙壁的粗糙度；隙壁的风化程度；内部充填物的程度和类型；各结构面出现的相应年代；水平的密集程度，擦痕等。

近代对结构面调查，其中包括：(1)地质构造的调查；(2)岩体分类；(3)为了对岩体稳定、岩石变形、液体流动、岩爆、岩石掘进或支撑设计特殊的解析、数值或经验模式而需要输入资料等，以测绘为主要手段，例如，用裂隙节理测绘、详细线测绘、定向岩芯测量以及钻孔照相等方法。

本章的目标是描述结构面取样途径并使得采集的数据资料能够满足上述每项应用的要求。

2.1 钻孔量测法

钻孔岩芯可以来自深部掘进，或潜在不稳定区域岩石里，相对未扰动并包含结构面的岩石材料样品。此外，在钻进过程中，应用井下电视等获得直接资料，采用钻井测试、测井等各种方法获得间接资料。

一般情况下，通过岩芯取样存在三个问题：(1)在提取过程中岩芯可能旋转，所以需要特殊取样和分析技术，才能测定岩体中结构面的真正方位；(2)岩芯通常直径较小(<100 mm)，实际上不可能测量结构面的延伸长度，并且在取芯和收藏过程中放弃易受影响的岩芯；(3)结构面上的充填物可能被冲刷掉，或者其他来自钻井泥浆的额外物质可能会沉淀在结构面上，很难调查这类特殊结构面的特征。

有关钻井过程的细节、岩芯缺失、钻头替换、钻井冲洗液的颜色、钻井冲洗液的流失、静水位(Standing Water Levels)和其他因素等，都可以从钻探编录或钻井报告中查到。一般情况下，钻井记录使用标准表格，用符号、图形或数字形式填写，内容包括：岩石类型、岩芯大小、结构面特征、岩石质量指标(RQD)和现场测试结果等。

表2-1是为了满足记录结构面特征的要求而设计的，具体使用时根据现场情况可以加以修改或扩充。有关钻探方法、钻探编录与管理等方面的知识在《水文地质及工程地质钻探》课中已介绍。这里不再赘述。这里着重介绍有关岩芯中结构面绝对产状的确定。

对岩芯来说，若能记录下来一个结构面的真实产状，那么它就很有价值了。特别是，在绝对地定出岩芯的方位后，就有助于利用地下资料将钻孔间的地质构造联系起来。若能在非平行钻孔的岩芯中识别出一个有特色的结构面,那么人们就能推算出它的方位,但是在大多数情况下是很难做到这一点的,所以其绝对产状可以参考岩芯中已知方位的其他地质构造来确定,或者通过区域地质方面的资料,或者根据孔下产状测量来确定。

通常进行孔下测量的仪器有:岩芯定位器、钻孔潜望镜、照像机或电视设备,方法有在孔底画标记法或古地磁测定法等。

表 2-1　岩土钻孔记录表

岩性描述	图示钻井记录		钻孔轴与垂线夹角	RQD %	结构面特征	钻进过程和水位	测试结果
	岩性	破裂特征					

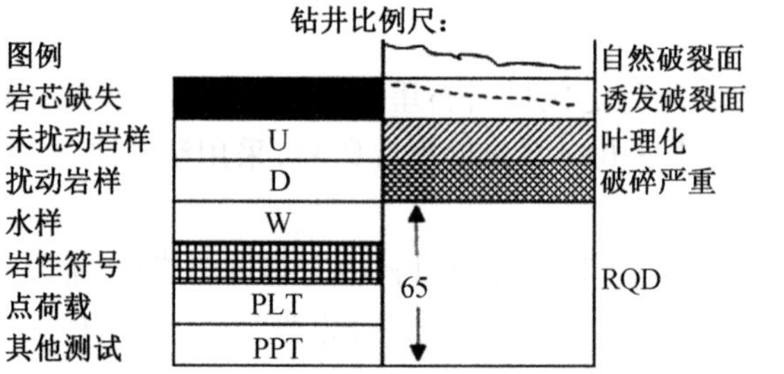

图例　　　　　　　　　钻井比例尺:　　　　　　　　　　　　　　钻工:
岩芯缺失　　　　　　　　　　　　　自然破裂面　　　　　　　　钻井速度:
未扰动岩样　　U　　　　　　　　　诱发破裂面　　　　　　　　(mm/min)
扰动岩样　　　D　　　　　　　　　叶理化
水样　　　　　W　　　　　　　　　破碎严重　　　　　　　　　深度(m):
岩性符号　　　　　　　　　　　　　　　　　　　　　　　　　　记录:
点荷载　　　　PLT　　　65　　　RQD　　　　　　　　　　　绘图:
其他测试　　　PPT

2.1.1　参考已知产状的结构面进行岩芯定向

将岩芯按照适当的顺序放置,使所有岩芯段都互相吻合。这样,整个岩芯长度被分成一系列连续的分段;在每个岩芯分段上画上一条连续的基准线,并在必须中断之处画上清楚的标记。与岩芯相交的面状构造呈椭圆状[图 2-1(a)],岩芯轴与相交椭圆长轴间的夹角为 α,其值可用接触式测角器[图 2-1(c)]测得。断裂椭圆面长轴的下端与岩芯圆周相交于由基准线算起呈 β 角的地方(面向钻进方向顺时针测量),该角 β 按常规可以用刻划有分度的圆周带测量[图 2-1(b)]。角度 α 和 β 确定任何一个断裂面在相对待定基准线的坐标中的方位。如果已知或可以确定出任何一个平面的绝对产状(与钻孔方向垂直的除外),则所有的其他平面均可定出绝对的方位来。

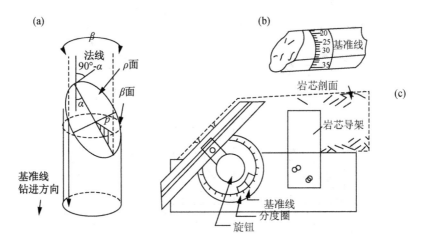

（a）基准线及 α、β 角；（b）测量 β 角的简单方法：$\beta=250°$；（c）测量 α 角的测量器

图 2-1　岩芯定向

2.1.2　利用非平行钻孔的方法

若有一个构造面在整个岩体中始终保持不变的产状，而且在不同的钻孔中都能找到该构造面的明显特征，那么根据非平行钻孔中的 α 值即可定出它的绝对产状。诸如层理、劈理、片理、叶理等在统计上表现有强烈优势方向的任意节理组、断层以及其他构造，只要能保持为平面状，均可这样来确定其绝对产状。两个非平行钻孔中有个钻孔是竖直的，则 α 值是真倾角，此时只要求出走向。要得到唯一解，则需要有三个钻孔。

往往一些平行的构造面将在很多钻孔中重复出现。若岩芯采取率很高，当部分基准线发生中断时，这些面就可以用来确定基准线的方向，因此无须进行任何专门测量则可确定所有岩芯的方位。如果这些都是不可能的，那么在钻井过程中可应用岩芯定向仪。

2.1.3　其他的孔下测量法

坝址的调查常常包括注水压力试验，通过这个试验可以作出一个钻孔封闭截面上流出的稳定流量 q 对水压力 Δp 的关系图。Sabarly（1965）建议首先在较高压力下进行试验，然后在较低压力下进行试验，并依次测量出一系列稳定流量，如图 2-2 所示。在该图中，q 为流量（m^3/s），Δp 为压力差即试验段岩石中原始静水压力和钻孔内侧孔下压力（作为水头损失的修正）之差。$q(\Delta p)$ 曲线的形状能帮助我们去识别所发生的现象。层流给出如图 2-2(a) 所示的特性曲线。可以用张开的裂隙或漏泄的塞子来说明的紊流，可能给出类似图 2-2(b) 中的曲线。裂隙的冲洗或张开，或者是塞子的破裂给出如图 2-2(c) 所示的结果。图 2-2(d) 可以解释为由于水中的细颗粒而产生的岩石中孔隙或裂隙的堵塞。试验中使用清洁的水是很重要的。图 2-2(e) 可以解释为在低压力下岩石中水流的通路被堵塞，接着在高压下裂隙又张开或冲走了充填物。图 2-2(f) 可以解释为孔下压力到达和超过法向应力后裂隙发生了新的张开。一部分这种试验可能碰不到渗透性裂隙，因而在任何压力作用下，都不可能出现渗流。有人根据 Poisson 分布法利用无渗流试验（No-flow Test）的百分比计算了渗透性裂隙的平均间距。

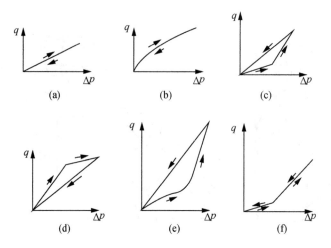

图 2-2　注水压力试验之不同类型的特性曲线及其解释（据 Sabarly，1965）

　　用地球物理法进行测井,能够找出重要的结构面,并能揭示出钻孔间结构面的相互关系。尤其是当各个裂隙带都用声波记录仪或其他断裂定向仪分别记录下来后,剪切和压缩信号的相对振幅就可以用来评价裂隙的力学性质。

　　也可对钻孔壁施加静载并直接测量岩壁的变形和弹性。如果对各种试验段的裂隙数都作了钻孔记录,则不管用哪一种仪器,都可以根据现场岩体裂隙发育程度,研究岩体变形特性的变化。正在发展的勘探技术,使得有可能收集到有关岩体中结构面的位置、产状、间距和性质等大量资料。

2.2　岩石露头上结构面的量测法

　　无论在地下的还是在地表的岩石露头上进行结构面几何参数量测,都有利于利用岩石相对大的面积,直接测量结构面方位、延伸长度和其他大规模的几何特征,并且各组结构面之间的地质关系也可以清楚地观察到。但这种途径存在不利的一面,岩石露头通常远离研究领域并可能遭受到岩爆危险或由于气候和植被覆盖造成的风化、变质。此外,尽管测量时需要专业技术人员进行,但设备和劳务开支与通过钻孔取样所需开支相比是不可忽视的。

2.2.1　充填型的结构面现场调查方法

　　对充填型的结构面,可以采用以下的方法进行现场调查:

　　1) 对现场揭露的每条这类结构面,沿结构面布置测线,按描述指标体系逐点记录地质特征,点距一般为 0.5~1.0 m;

　　2) 逐点调查的同时,绘制结构面展布的素描图,并逐点拍照;

　　3) 将在不同露头调查得到的结构面资料汇总,并对各指标进行统计分析,得到统计各项指标的规律,从而建立对结构面空间展布规律、构造特征和工程地质特征的总体认识;

　　4) 将上述调查内容纳入数据管理系统,实现数据信息的有效管理。

2.2.2 非充填型的结构面现场调查方法

目前最通用的方法是测线和测网量测法,因为该法能保证最好的量测精度。

1) 现场调查测线法

(1) 量测要求

测量成果往往与岩体露头情况有密切关系。测点应选择清晰的接近平面的岩面,露头包含有 150~350 条结构面,且有一半以上结构面的一个端点可见。许多自然和开挖的岩面包含了主要节理或断层,如果选择这种岩面作为量测点,那么就要在其他岩面上布置附加测线,在不同的方位提供一个结构面网络的三维样品。

结构面与岩面相交产生迹线,提供一个基本的结构面网络二维样品。岩面通常是不规则的,所以常必须对测线原来的位置进行针测(Pin)以适应岩面的几何特征。测线与直线夹角小于 20°时产生的偏差对样品采集的影响可以忽略不计。若有大的偏差可以简单地调节,将测线分成许多小测线段并测量每个的走向和倾向。

为了保证量测数据的可靠性,岩体露头必须新鲜,未扰动,并且不受爆破、倾倒破坏及受风化剥蚀和植被生长等不利因素影响;为获得某地点代表性数据,量测位置应保证在同一构造区中;在构造复杂岩体中,测量位置应尽可能避开大的断裂或不整合面等位置。

工作区应选择在安全地带,工作时要戴安全帽。尤其是采石场,要注意爆破时间,并得到有关部门同意后才能进行量测。

(2) 测线量测法

(a) 测量设备和记录表格

结构面量测所需的设备有:20 m 钢卷尺;2.4 m 和 4.0 m 塔尺,15 cm 直尺;回弹锤、纵剖面仪(测结构面粗糙度用),钉子和绳子,粉笔、地质罗盘、地质锤;测隙宽用的塞尺;地形图和地质图,照相用的有关器材(相机、三脚架等),记录表格形式见表 2-2、表 2-3 和表 2-4。

表 2-2 测线量测成果记录表

记录表编号:				测量位置:			岩体露头面方位:		露头类型:	
测线号:				岩石类型:						
测量者:				测线方位:			露头尺寸:		露头条件:	
结构面序号	测线上位置	结构面类型	倾角(°)	走向(°)	长度(m)	端点类型	粗糙度	起伏度	隙宽(m)	充填物

表 2-3　测线量测成果表

测线号	结构面位置	迹线形状	硬度	
			测量值	平均值

表 2-4　测线量测数据表

测线号	结构面位置	起伏差读数(m)(沿倾向向下)

（b）测线位置的描述

要记录下露头面尺寸、类型（露天矿边坡台阶面、路堑边坡面、海岸悬崖面或隧洞的洞壁面等）。此外，要记录量测露头面的条件，如风化、剥蚀、爆破松动以及是否经过斜坡变形等。要确定岩石类型和描述有关构造现象。

（c）测线位置和方位

每条测线要有编号，测量可以用地形图上的经纬度坐标来表示。此外，对所测的露头应该作出地质草图，并标出相对的测量位置。

用罗盘测出测线的方位和倾角，并记录在表格上。此外，也要测出露头面的产状。

（d）结构面的鉴定

在测量中，主要测量岩体内地质成因的破裂面：如节理、断层、层面等。而露头面所看到的裂隙并非都是构造成因，有些可能是人工爆破、倾倒作用或波浪作用形成的裂隙。所以一定要把构造和非构造成因的结构面区别开来。

（e）与测线交切结构面位置的确定

从皮尺一端开始，测线与结构面的第一交点位置可以定出，并记录在表格上，然后再测出相邻的交点位置，对于光滑而平整的露头面，测量交点位置是容易的，对于起伏不平的露头面,皮尺不能与露头直接接触,则交点就难以测定了。在这种情况下,对于测线与露头面之间因缺掉一块而留下间隙,应按那一块仍存在情况来确定其位置。

如果测线所经过的露头面一部分被植被盖住,则应记录下这一覆盖的范围,而量测工作应该从岩石露头重新出现处开始。

(f) 结构面方位测定

把与测线相交切处的结构面方位量出,并记录在表格上,对于不规则延伸结构面,可以测定其平均方位。

(g) 半迹线长度测定

半迹线长度是结构迹线与测线交点至迹线一端点之长度,在近直立露头布置水平测线时,测线以下岩面被覆盖,则半迹长只测定测线以上那一边的,其中许多是删截的半迹长。当测线为垂直布置时,应在测线之右边测量半迹长,切不可在同一线上,一会儿测右边的半迹长,一会儿测量左边的半迹长。

(h) 结构面迹线端点类型

在实测中要记录迹线终止端点类型,结构面迹线终止点有三种类型:端点终止在岩块中、因被另一结构面迹线所切断而终止在另一结构面处和因植被覆盖或被露头面边界所破坏而使得迹线端点看不见。

(i) 结构面类型

主要有层面(B)、节理面(J)、断层面(F_i)和裂隙面(F_i)等(表 2-2)。

(j) 结构面隙宽的测量

用一组 0.04～0.63 mm 的塞尺测量结构面的隙宽。塞尺能插入结构面中尺的厚度就是隙宽值。大多数新鲜的露头面均可以测得隙宽值,但受风化、爆破振动等影响的露头面上所测的隙宽不能代表真正的隙宽值。

(k) 结构面粗糙度和起伏度测量

在工作中可用一个 15 cm 纵剖面仪来测定粗糙度。具体做法是把纵剖面仪紧密地压在结构面的表面上,把测得的资料画在记录表上(表 2-2)。

粗糙度纵剖面可以沿结构面走向和倾向两个方向测量。沿倾向量测时,应该是按倾斜方向由上而下进行。

结构面起伏度用一根 2.4 m 的塔尺量测。把这种塔尺放在结构面上,首先沿走向、然后沿倾向进行测量,每隔 10 cm 用另一小直尺测量塔尺至岩壁距离,并把数据记录在表上(表 2-4)。在实际工作中,除测定上述几何参数以外,还应量测结构面壁岩的硬度,这可以用斯密特回弹锤来测定。还要观察和记录结构面充填物的厚度和性质。

2) 现场调查测网法

对岩体结构面进行大量的现场测量,是建立这类结构面定量化模型的基础工作。目前,各类的调查、测量方法很多(Atewell,1980;Priest,1982)。这里介绍一种经改进的测网法,即将传统的测网法与测线法相结合的结构面调查测量方法。

改进测网法的基础是单个裂隙测量网点。单个测网的布置可有多种形式,如图 2-3 所示,是一个 4 m×2 m 的测网,每条测线在岩石露头上用油漆标注,然后逐条地测量结构面,记录每一条结构面与测线交点的位置、产状、延续状况、张开情况、充填情况及表面特征等。由于露头大小的限制,实际测网的高度均不可能太大(一般 2～3 m)。在测网高度一定的前提下,测网宽度的确定应尽可能考虑满足于结构面迹长的估计,因为在有限的测网高度范围内,获得裂隙的全迹长是困难的。当结构面的迹长小于 3 m 时,采用 4 m×2 m 的测网可以获得满足于结构面全迹长估计的截断迹长。

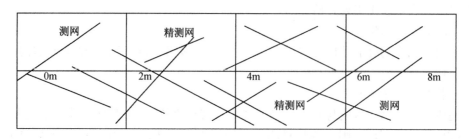

图 2-3　裂隙测网的形式

在 4 m×2 m 的精测网内,与测线法结合,可将测网中测线定义为主测线,对应的上、下测线称之为辅助测线。

为了纠正由于某些测量条件或自然条件所造成的结构面"被测几率不均等"的现象,要对资料做必要校正。

首先讨论"被测几率不均等"现象是怎样造成的。图 2-4 所示为由 3 组间距密度相同的裂隙组成的立体断面图,设图中正视面为测量工作面,对比Ⅰ和Ⅱ两组测线,十分清楚,在第Ⅰ组测线中 a 组裂隙的测得率比 b 组高得多,第Ⅱ组中情况恰好相反,所以要如实反映裂隙分布和密度的实际情况,首先必须保证两组不同方向的测线总长相等。实际上每一条测线都可能反映出裂隙等结构面的某些特殊情况的出现几率,因此为使各条测线所反映的情况都能以近于均等的机会进入统计分析,应使每一条测线的长度相等。当实际测量条件难以做到这一点时(图 2-5),则需要进行长度校正。

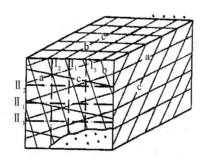

Ⅰ₁,Ⅰ₂,Ⅰ₃——测线组代号;Ⅱ₁,Ⅱ₂,Ⅱ₃——测线组代号;a,b,c——裂隙组代号

图 2-4　三组间距、密度相同的裂隙组成的立体断面图

其次,由图 2-4 还可看出,由于裂隙面与测线的交角大小不一,裂隙测得几率也不相等。其中以 c 组裂隙最为突出。这样甚至可能因为测量工作面方位的限制而忽略了某些重要结构面,因此又必须进行方位校正。

除此以外,工作面上某些自然条件(如风化程度等)的差异也会造成"被测几率不均等"现象,因而在选定测点时,应尽量选择自然条件近似的部位。下面分别讨论上述校正的具体方法。

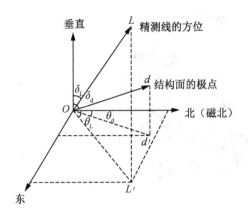

图 2-5 测线与结构面法线间角度关系示意图

（1）长度校正

通常以测线中最长线段长度作为标准长度 L，这样，拟校正的测线 L_n 上某一方位实测的数目 $N_{\theta\delta}$（标量符号 θ_d 代表该组结构面倾向的平均方位角；δ_d 代表其平均倾角），经校正后为：

$$N'_{\bar{\theta}_d,\bar{\delta}_d} = N_{\bar{\theta}_d,\bar{\delta}_d}\frac{L_a}{L_n} \tag{2-1}$$

（2）方位校正

方位校正的最终结果是按测线垂直于拟校正的结构面组来确定结构面数，如图 2-5 所示。为使结构面组的法线与测线方向（其倾向方位角为 θ_L，天顶角为 δ_L，即测线与垂直线间夹角）L 重合，首先转动方位角 $\theta_L-\theta_d$ 度，然后转动倾角 $\delta_L-\delta_d$ 度，所以结构面组的数目与上述两角的余弦成反比增加，即

$$N_{\bar{\theta}_d,\bar{\delta}_d} = \frac{N'_{\bar{\theta}_d,\bar{\delta}_d}}{\cos(\theta_L-\bar{\theta}_d)\cos(\bar{\delta}_d-\delta_L)} \tag{2-2}$$

应该指出，有时需要先对测量资料进行初步的方位统计工作，通过编制裂隙方位玫瑰图或赤平投影极点图，确定裂隙组的划分和代表性方位，然后再作校正处置。

2.2.3 在隧洞掌子面上结构面的调查技术

隧道及洞室的围岩稳定，在很大的程度上是受结构面影响的。在掌子面上有结构面的存在，会造成围岩局部强度的降低。事实说明，当掌子面单位面积上这些结构面的密度增大时，则掌子面上岩体强度将以某种方式随着结构面密度的函数而变化。为此，测定掌子面上的结构面的密度是有意义的。

测定掌子面上的结构面密度方法，可用一系列的水平和垂直线在掌子面上画出有标度的格子，将每个格子四条边上出现的结构面个数记录下来，然后将结构面与每个格子相交数量相等的点连成等值线，这就绘出结构面空间密度分布图[图 2.6(a)]和结构面间距的直方图[图 2-6(b)]，统计得出结构面的平均间距为 0.127 m，标准差为 0.111 m。

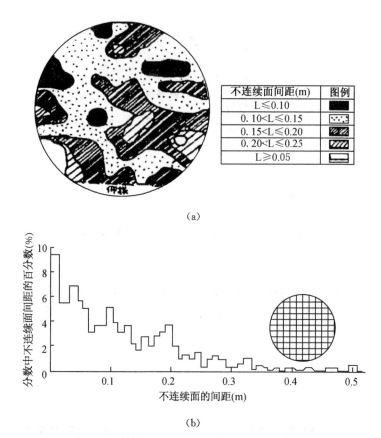

不连续面间距(m)	图例
L≤0.10	
0.10<L≤0.15	
0.15<L≤0.20	
0.20<L≤0.25	
L≥0.05	

(a)

(b)

图 2-6　隧洞掌子面的结构面空间密度分布图(a)和结构面间距直方图(b)

2.3　大地摄影像片中结构面的测量法

2.3.1　照片准备

在开始之前,拍一些岩石露头和测线的彩色照片。有时为了记录某个不规则面的完整面积,需要从几个角度拍照,并且测量过程中要使记录以后测线已经移动,那么还可以再拍一次照片。为确定照片上比例尺大小可以沿每个测线间隔 1 m 系上一个明显标志,用过这些标志同样比较容易地找出特殊结构面以便量出它们的迹线长度。

相机位置尽可能在岩面的一半高度,使相机镜头轴垂直于岩面。通常,相机都是在岩面底部向上仰拍(图 2-7),这样在照片上会产生歪曲事实的图像,这是由于岩面顶部结构面与底部相比相距相机较远,所以产生比在岩面底部相似大小结构面要小的图像。减少歪曲现象的最简单办法是使用长焦距镜头,远离岩面,选择合适的高度。另一种途径是在拍照时,把塔尺放在水平和垂直位置,理想情况是塔尺平行于照片框,而长度恰好是照片大小的一半,并把塔尺置于照片的角上。

并非所有拍摄的露头面照片均可作为分析用,尤其是露头起伏不平时拍的照片,因难于确定结构面迹长而难以应用。为了能清楚地辨认结构面特征,把质量较好的底片用高反差相纸放大成 30 cm×40 cm 照片。在这样的大尺寸照片上,可以保证 2 cm~5 cm 长的结构面能被清楚地显示。

图 2-7　用相机拍摄高处岩面示意图

根据照片上的塔尺,可以在照片边界画出比例尺,因此可以定出照片上测线与迹线交点的位置,具体做法是在照片上蒙上透明纸,在透明纸上画出结构面。

2.3.2　从照片上量测

对于每张照片,要测定确定的测量区内所有结构面端点的坐标值,每条结构面由一对端点坐标值来定义。当结构面被量测区边界所截接时,要记录截接点的坐标值。

2.3.3　照片量测数据的处理

从照片中量测的迹线端点坐标要列成数据表,表中还要列出量测范围四个角点的坐标值以及结构面的方位。

在进行结构面分组时,可把结构面方位变化范围在 30° 内的均认为是同一组的结构面。如果结构面方位变化很接近,则这一间隔值还可以降低,以保证两组结构面平均方位不出现重叠。

迹长的确定是根据连线端点的坐标值,算出每结构面迹长通过连线端点坐标,并与量测区边界坐标对比,确定端点删截类型。由照片求得的迹长可以分为三种类型:(1)两端点均被量测区边界所删截的长度;(2)一个端点被删截的迹长;(3)两端点均未被删截的迹长。

2.4　航空像片中结构面产状的测量法

垂直航空像片的几何特性是水平面上各点之间的相对位置在航空像片上不会发生畸变,图的比例尺随航高变化,但是水平线总是不会旋转的。根据这一特性在航片中就容易测得相对于一个参考方向的线性构造走向。常用的参考方向是 x 轴,它是连接像主点(透镜中心的投影)与相邻像片的像主点(共轭主点)的直线。如图 2-8 所示,相邻重叠的垂直像片中有两点 R 和 Q。确定 RQ 线相对 x 轴的方位角是很容易的。而确定 R 和 Q 两点连线的倾斜度时,首先计算出其视差的差值 ΔP_{RQ}:

$$\Delta P_{RQ} = P_R - P_Q = (X_R - X_R') - (X_Q - X_Q') \qquad (2-3)$$

R 与 Q 之间的高差是:

$$\Delta h_{RQ} = H_Q \cdot \Delta P_{RQ} / p_Q \qquad (2-4)$$

式中 H_Q 为 Q 点上空的飞行高度。对于走向和倾角测量来说,Δh_{RQ} 为:

$$\Delta h_{RQ} = H_Q \cdot \Delta P_{RQ}/(b + \Delta P_{RQ}) \tag{2-5}$$

式中 b 为像主点和共轭像主点之间的距离(oo'),称之为像片基线;H 为像主点上空的摄影高度;H 和 b 为两张像片上取出的平均值。令 S_{RQ} 为由像片上量得的 R 到 Q 的距离。R 和 Q 的地面距离近似地等于 $S_{RQ}(H_Q/f)$。那么 RQ 的倾角(θ)为:

$$\mathrm{tg}\theta = f \cdot \Delta P_{RQ}/S_{RQ} \cdot P_Q \tag{2-6}$$

如果 Q 点与像主点的高度大致相同,则可用平均像片基线 b 和平均航高 H 求得:

$$\mathrm{tg}\theta = f \cdot \Delta P_{RQ}/[S_{RQ} \cdot (b + \Delta P_{RQ})] \tag{2-7}$$

式中 f 为透镜拍摄像片的焦距。

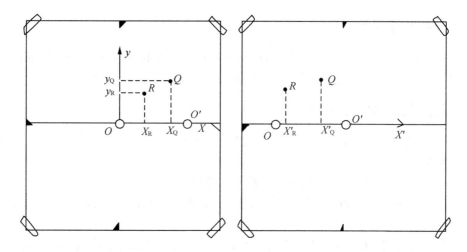

o 是左侧像中像主点;o'是右侧像中像主点;o 与 o'是分别在左、右像片上,通过框标线的交点来确定的。

图 2-8 在重叠的垂直航空像片中点的坐标与视差

2.5 结构面基本指标的量化分析

2.5.1 结构面的优势方位

所谓优势方向系指岩体中结构面较发育的方位。岩体中可以有一个或多个优势方向。某一优势方向中可包括两方面内容:一是结构面集中度最大的方向(倾向 θ/倾角 δ);二是平均方向。后者通常是采用某一组结构面各面方位的算术平均值,它代表该组结构面的综合性方向。

$$\bar{\theta} = \frac{1}{N}\sum_{i=1}^{n}\theta_i; \quad \bar{\delta} = \frac{1}{N}\sum_{i=1}^{n}\delta_i \tag{2-8}$$

确定优势方向可采用编制结构面极点密度等值线图的方法。该方法将裂隙极点赤平投影图用相当于投影网半径 R 的 1/10 的单元方格网进行划分,然后用为投影网面积 A 的 1/100 的计数圆(半径:R/10),以方格网的每节点(计测点)为圆心逐点进行统计,并在计测点上标出量测的极点数,或将极点数换算成1%面积密度值,据此即可判定高密度中心,确定岩体结构面的优势方向(图2-9)。

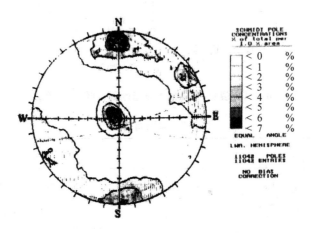

图 2-9　裂隙极点密度等值线图

2.5.2　结构面间距与密度

现场测量的裂隙间距通常为视间距,即同组两条裂隙之间在露头上的垂直间距,对视间距的校正是在室内数据处理过程中完成的。

确定某一优势方向结构面组的平均方向后,即可应用上述校正公式(2-8)更确切地判定属于同一组结构面在某测线上的数量,这样该测线(i)上结构面的平均间距($\overline{S}_i$)可按下式求得:

$$\overline{S}_i = \frac{L_i}{N''_{\bar{\theta},\bar{\delta}}} \tag{2-9}$$

式中:L_i 为测线的长度(m);$N''_{\bar{\theta},\bar{\delta}}$ 代表该测线上校正后的结构面数。最后综合各测线,即得平均间距($\overline{S}$)为:

$$\overline{S} = \sum_{i=1}^{n} \overline{S}_i \tag{2-10}$$

其倒数定义为结构面的密度($\bar{\rho}$):

$$\bar{\rho} = \frac{1}{\overline{S}} \tag{2-11}$$

需要指出的是,上述平均间距与结构面实际的固有间距 S_i 是不同的。如图 2-10 所示,前者是一种统计平均值,其中已包含了结构面的连续性等几率;而后者则不考虑这种几率,它的判定需要通过现场观察来确定。区别这两个参数的概念,对判定结构面的连续率具有很重要的实用意义。不同的间距值对应的定性描述如表 2-5 所列。

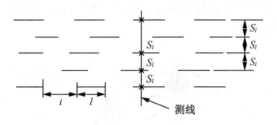

图 2-10 具有裂隙、裂隙组的垂直断面(据绪方正度,1978)

表 2-5 裂隙间距描述

间距	描述
<20 mm	极小的间距
20~60 mm	很小的间距
60~200 mm	小间距
200~600 mm	中等间距
600~2 000 mm	宽间距
2 000~6 000 mm	很宽的间距
>6 000 mm	极宽的间距

2.5.3 裂隙迹长及延续性

由于露头及测网大小的限制,在测网内能直接观测到裂隙全迹长的机会是不多的,多数的裂隙会以不同的形式与测网相交切,根据裂隙与测网的关系,实际能测量的有 3 种迹长形式(图 2-11)。

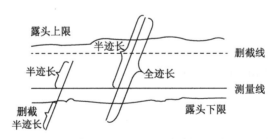

图 2-11 有限露头上测线与迹长交切

1) 全迹长 裂隙的两个端点在测网上、下界测线位置以内,裂隙的可见迹长。

2) 半迹长 裂隙的一端延伸出测网的顶、底界外,而另一端在测网内出现,且与测线相交时,裂隙在测线上的交点与裂隙在洞壁上的端点之间距离定义为裂隙的半迹长。

3) 删截(断)半迹长 是裂隙的一端在测网上,另一端延伸至测网以外的情形,裂隙在测线上的交点至裂隙与测网顶、底界交点之间的距离定义为裂隙的删截半迹长。

　　裂隙的延续性是表征裂隙可见长度的一个定性描述指标,它是在露头中所观测到的结构面的可追索长度,也就是笼统的迹长。在测量露头和测网有限的情况下,它本身不具备任何的绝对值含义。对延续性的描述,可采用表 2-6 的标准。

表 2-6　裂隙延续性描述

延续性	描述
<1 m	很低的延续性
1~3 m	低延续性
3~10 m	中等延续性
10~20 m	高延续性
>20 m	很高的延续性

2.5.4　裂面粗糙度

　　根据国际岩石力学学会的建议,对结构面起伏粗糙程度的描述,现场可采用表 2-7 所示的九级制,与 Barton 的裂面粗糙度系数 JRC 有对应关系。现场测量时,通过对其少量的裂隙面起伏进行仔细的素描,与标准粗糙度谱对照确定裂面粗糙度等级,同时在正式测量前根据标准粗糙度谱,在现场对裂隙的起伏情况进行大量的判别,使得在测量过程中现场准确地确定裂面粗糙度。

表 2-7　裂隙粗糙度等级及对应的典型剖面

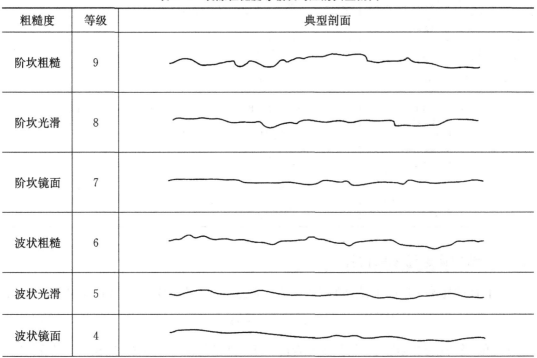

粗糙度	等级	典型剖面
阶坎粗糙	9	
阶坎光滑	8	
阶坎镜面	7	
波状粗糙	6	
波状光滑	5	
波状镜面	4	

（续表）

粗糙度	等级	典型剖面
平直粗糙	3	
平直光滑	2	
平直镜面	1	

2.5.5 张开度

张开度是指结构面两相邻岩壁间的垂直距离，是描述裂隙结构特征的一个重要指标，也是最难以测量和度量的指标，可以采用表 2-8 建议的标准进行描述。裂隙的张开度除直接影响了岩体的变形和强度特性外，更为重要的是，它几乎控制了裂隙岩体的水力学特性。对张开度的测量，严格来说应采用泥膜法或使用专门的塞尺，在对裂隙进行普遍测量的情况下，至少对部分典型的裂隙应采用这样的方法。

表 2-8　裂隙张开度描述

张开度	标准描述	
<0.1 mm	很严密的	
0.1～0.25 mm	严密的	"闭合"的
0.25～0.5 mm	局部张开的	
0.5～2.5 mm	张开的	
2.5～10 mm	中等宽度的	"开裂"的
>1 cm	宽的	
1～10 cm	很宽的	
10～100 cm	极宽的	"张开"的
>1 m	洞穴式的	

2.5.6 结构面连通率的估计

结构面的连通率是反映裂隙在岩体中的贯通程度的一项重要指标，线连通率 k 定义为：

$$k = \bar{l}/(\bar{l}+i) \tag{2-12}$$

式中：$\bar{l}$ 和 i 分别为结构面的平均长度和岩桥长度。通常情况下，裂隙的迹长 l 和岩桥长度 i

均是未知的,上式除了具有理论上的意义外,实际应用价值并不大。对于全迹长,通常利用投影方法来计算连通率。基于统计和概率理论的连通率算法报道不多,其主要原因在于岩桥长度 i 难以估计。

　　岩体含有天然的结构面,结构面的存在对岩体结构稳定具有重要影响。由于连通率的确定涉及结构面迹长和间断距,目前尚无严密的计算公式,大多是根据经验来确定的。

第三章　结构面的赤平投影方法

3.1　赤平极射投影定义及原理

3.1.1　相关定义

赤平极射投影是表示物体的几何要素或点、直线、平面的空间方向和它们之间的角距关系的一种平面投影。它以一个球体作为投影工具(称投影球),以球体的中心(简称球心)作为比较物体的几何要素(点、线、面)的方向和角距的原点,并以通过球心的一个水平面作为投影平面。通过球心并垂直于投影平面的直线与投影球面的交点,称为球极。按照人们描述地球的习惯用语,就称投影平面为赤道平面;与投影平面相对应的两个球极,位于上部者称为北极(P_N),位于下部者称为南极(P_S),如图 3-1。

作赤平极射投影图时,将物体的几何要素置于球心,由球心发射线将所有的点、直线、平面自球心开始投影于球面上,就得到了点、直线、平面的球面投影。由于球面上点、直线、平面的方向和它们之间的角距既不容易观测,又不容易表示。于是,再以投影球的南极或北极为发射点,将点、直线、平面的球面投影(点和线)再投影于赤道平面上。这种投影就称为赤平极射投影,由此得到的点直线、平面在赤道平面上的投影图就称为赤平极射投影图。

3.1.2　赤平极射投影原理

图 3-2(a)是表示赤平极射投影原理的立体示意图,图上外圆代表投影球面,O 点为球心,平面 $NESW$ 为赤道平面,它与球面的交线为一个圆 $NESW$,这个圆称为赤道大圆。平面 $NASB$ 为一通过投影球心 O 的倾斜平面,它的走向为 SN,倾向为 E,倾角为 a。这个平面与赤道平面的交线 SN 就是它的走向线。由于这个平面通过投影球心,因此,它与投影球面的交线,即它的球面投影为一直径等于投影球直径的圆 $NASB$。半圆弧 NAS 是它在上半球的球面投影,半圆弧 SBN 是它在下半球的球面

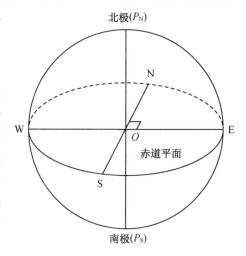

图 3-1　投影球和投影平面

投影,从投影球的南极向该平面的球面投影发射射线,这些射线与赤道平面有一系列交点〔如图3-2(a)由南极(P_S)向A点发射的射线与赤道平面的交点为C点,向B点发射的射线与赤道平面的交点为D点〕,这些交点的连线就构成了该平面的赤平极射投影$NCSD$,可以证明,它是一个圆,CD为其直径,平分CD,即为其作图圆心。由图3-2(a)可见,圆弧NGS为该平面的上半球球面投影(半圆弧NAS)的赤平极射投影,它位于赤道大圆之内。圆弧SDN为该平面的下半球球面投影(半圆弧SBN)的赤平极射投影,它位于赤道大圆之外。图3-2(b)就为该平面的赤平极射投影图。

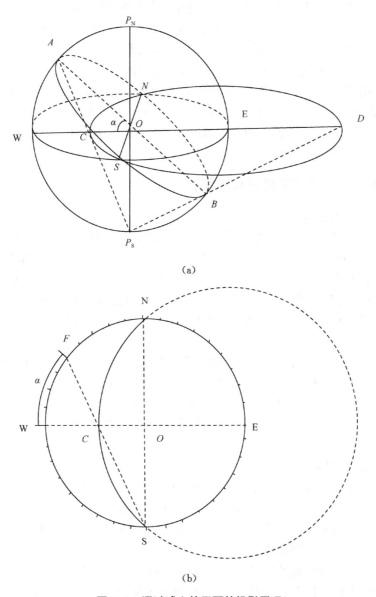

(a)

(b)

图3-2　通过球心的平面的投影原理

图3-2(b)表示平面$NASB$的全球面赤平极射投影。在实际应用中,大多数只作半球面投影。并且根据表示目的的不同和习惯,或作上半球的投影,射线由下半球球极(南极P_S)

发出；或作下半球的投影，射线由上半球球极（北极 P_N）发出，作半球投影的好处在于被投影的点和线都在与发射点相对的半球面上，它们的赤平极射投影都在赤道大圆内，既便于作图，又方便比较和判读。如图 3-2(b)中，赤道大圆内的实线圆弧 NCS 即表示平面 NASB 在上半球上的赤平极射投影。

在赤平极射投影图上，外圆为赤道大圆，代表赤道平面（即水平面），其上、下、左、右分别代表北(N)、南(S)、西(W)、东(E)方位，并按 360°方位角分度，圆弧 NCS 为上述平面的赤平极射投影。N、S 两点的连线即代表该平面的走向线，它的方位就由 N 点（或 S 点）在赤道大圆上的方位分度读出。圆弧 NCS 凹部所指的方向代表该平面的倾向方向，其中 C 点与圆心 O 的连线即为该平面的倾向线。延长 CO 与赤道大圆交于 E 点，E 点在赤道大圆上的方位，即为该平面的倾向方位。连 S、C 两点并延长与赤道大圆交于 F 点，延长 OC 与赤道大圆交于 W 点，F、W 两点间所包括的方位度数即为该平面的倾角 α。

图 3-2 说明经过投影球心的倾斜平面的全球面赤平极射投影为一直径大于赤道大圆直径的大圆，它的半球面赤平极射投影为该大圆经过赤道大圆直径两端，位于赤道大圆内的那一段圆弧。因此，若已知平面的空间方向，就可以用圆规和直尺，根据投影原理求出作图圆心后，将其赤平极射投影图绘出。

3.1.3 平面与直线的赤平极射投影规律

1）通过投影球心的倾斜平面

图 3-3 表示经过投影球心的倾斜平面的投影大圆的作图圆心的图解方法，它是通过图 3-2(a)中的 AB 所作的一个垂直剖面（为便于叙述，图上的南、北两极分别以符号 P_S、P_N 代替）。AB 为已知平面的倾向线，A 点投影于 C 点，B 点投影于 D 点，CD 为已知平面的投影大圆的一条直径，过 P_S 点作一直线 $P_S H$ 垂直于 AB，并延长与 CD 相交于 G 点，与投影球面相交于 F 点。若能证明 CG＝DG，则 G 点为该平面的投影大圆的作图圆心无疑。兹证明如下：

因三角形 $AP_S H$ 和三角形 $CP_S O$ 都是直角三角形。又因 $\angle P_S AO = \angle AP_S O$ 所以，$\angle AP_S H = \angle P_S CO$，三角形 $CP_S G$ 为等腰三角形，$CG = P_S G$。

又因 $\angle GP_S D = 90° - \angle AP_S H$，$\angle CDP_S = 90° - \angle P_S CO$，已证明 $\angle AP_S H = \angle P_S CO$，所以 $\angle GP_S D = \angle CDP_S$，三角形 $GP_S D$ 为等腰三角形，$DG = P_S G$。于是 $CG = DG$，G 点为平面投影大圆的作图圆心。

同时，连 FO，可以证明 $\angle P_N OF = 2\alpha$。

因此，在赤道平面上，则 NS 为已知平面的走向线，CD 为已知平面的倾向方位线，α 为其倾角，平面投影大圆的作图圆心可用下面两种简单方法求出：

(1) 由 N 点顺已知平面的倾斜方位，在赤道大圆上取 NF 弧段等于 2α。连 SF，它与平面的倾斜方位线的交点 G 即为作图圆心。

(2) 由 N 点逆已知平面的倾斜方位，在赤道大圆上取 NA 弧段等于(90°－α)。连 AS，它与平面的倾斜方位线相交于 C 点。作 CS 的垂直等分线 KG，它与 CD 的交点 G 即为作图圆心。

图 3-4 表示已知平面产状，作其赤平极射投影的作图方法，已知平面的产状为走向 $N20°E$，倾向 SE，倾角 50°。作图步骤如下：

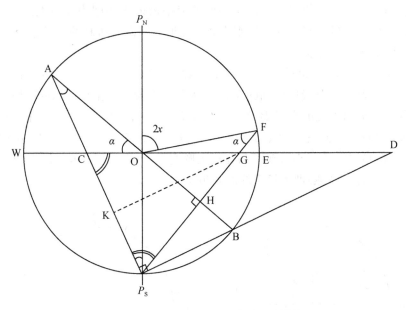

图 3-3　平面投影大圆作图圆心的图解

（1）以某一直径作一圆，并按 360°方位角分度，代表赤道大圆；

（2）在圆周上表示方位为 $N20°E$ 处取 A 点。作 A 点与圆心 O 的连线并延长至 B，得直径 AB，为已知平面的走向线；

（3）过圆心 O 作 AB 的垂线，与赤道大圆交于 C、D 两点，OD 为已知平面的倾向方位线；

（4）在赤道大圆上，由 A 点顺已知平面的倾斜方位按方位分度取 AF 弧段等于 $2×50°$ $=100°$，连 BF，并延长之与 CD 的延长线相交于 G 点；

（5）以 G 点为圆心、GB 为半径作一圆弧 APB，即为已知平面的赤平极射投影。

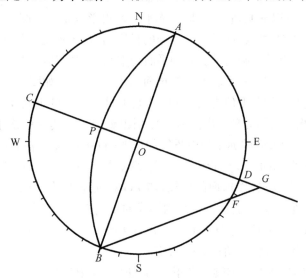

图 3-4　平面的投影的作图法

由以上分析可知,通过投影球心的水平面的赤平极射投影即为赤道大圆本身。经过投影球心的直立平面,它的赤平极射投影则为通过赤道大圆圆心所画的一条直径。

2）通过投影球心的直线

图 3-5(a)为通过投影球心的直线的赤平极射投影的立体示意图。图中通过球心的直线 AO 倾向 W,倾角为 α,它与投影球面的交点 A 为其球面投影。由投影球的南极(P_S)向 A 点发射射线,射线与赤道平面的交点 B 即为直线 AO 的赤平极射投影,或者连接 BO,亦为直线 AO 的赤平极射投影,平面表示为图 3-5(b)。在投影图 3-5(b)上,BO 所指向的方位为其倾向方位,如图为倾向 W,连 SB,并延长与赤道大圆交于 C 点。连 CO,$\angle COB$（或赤道大圆上 CE 弧段所包含的方位度数）即为该直线的倾角 α。

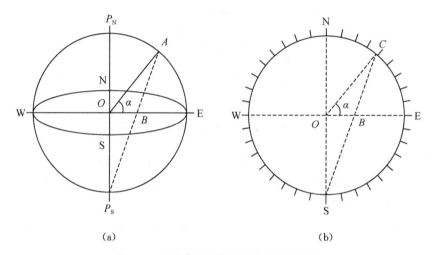

(a)　　　　　　　　　　　(b)

图 3-5　通过球心的直线的赤平极射投影

3）不经过投影球心的直立平面

不经过投影球心而垂直于赤道平面的平面,它与投影球面的交线为一平行于投影球中心直立轴的一个圆。可以证明,它的全球面赤平极射投影也是一个圆,如图 3-6(a)。平面表示为图 3-6(b),图中实线圆弧 AFC 为上半球的投影,它位于赤道大圆内,虚线圆弧 CGA 为下半球的投影,它位于赤道大圆之外。此种平面的空间方向以其走向方位及其距投影球中心直立轴的分度值来表示,通过球心者为 0°,与球面相切者为 90°。如图 3-6(a),该平面的走向为 SN,距投影球中心直立轴的分度值为 α。因此,若已知此种平面的走向及其距投影球中心直立轴的分度值,也可以根据投影原理求出投影圆的作图圆心后,将其赤平极射投影绘出。

图 3-6(c)表示这种平面的赤平极射投影的作图圆心的图解方法,它是通过图 3-6(a)的 EW 线所作的一个垂直剖面。B 点投影于 F 点,D 点投影于 G 点,FG 为该平面的投影圆的一条直径。过 B 点（或 D 点）作球面的切线,与 FG 相交于 P 点,即为该平面的赤平极射投影的作图圆心。由于它关系到后面投影网的纬线的绘制方法,特证明如下:

连 BO,因 $\angle P_N OB=\alpha$,所以 $\angle BP_S O-\angle P_S BO=\alpha/2$。由此求得 $\angle FBP=\angle BFP=90°-\alpha/2$,三角形 BFP 为一等腰三角形 $BP=FP$。

又因为三角形 $BP_N O$ 为一等腰三角形,$\angle P_N BO=\angle BP_N O=(180°-\alpha)/2=90°-\alpha/2$,所以 $\angle HBP_N=\angle GBP=\alpha/2$,同时,由直角三角形 $GP_N O$ 得 $\angle P_N GO=\alpha/2$,所以 $\angle PBG=$

∠BGP＝$\alpha/2$，三角形 BGP 为一等腰三角形，BP＝GP，于是证明了 FP＝GP，P 点为该平面的赤平极射投影的作图圆心。

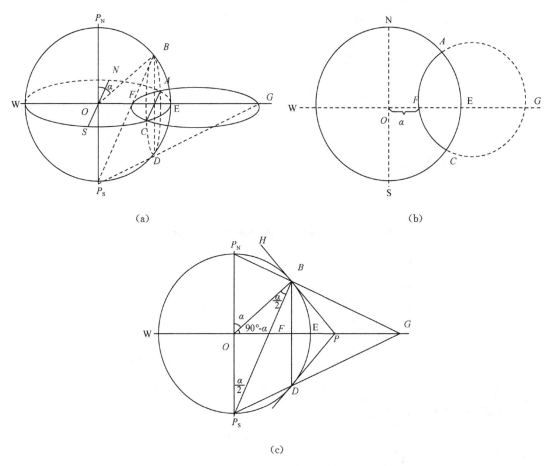

(a)　　　　　　　　　　　　(b)

(c)

图 3-6　不通过投影球心的垂直平面的赤平极射投影

4）不通过投影球心的倾斜平面

不通过投影球心的倾斜平面，它与投影球面的交线也是一个圆，它的赤平极射投影为一个直径小于赤道大圆直径的小圆（图 3-7）。若此种平面只切过上半球，它的投影为位于赤道大圆内的一个小圆，如图 3-7。若此种平面切过上、下半球，则其位于下半球部分的投影将落在赤道大圆以外。这种平面的空间方向用小圆的中心点的方向表示，小圆的半径用度数表示（参见图 3-8）。

5）不经过投影球心的直线

不经过投影球心而平行于赤道平面的平面（水平面），若其位于上半球，则它的赤平极射投影为位于赤道大圆内并与赤道大圆同心的小圆，如图 3-8 中的小圆 PQ。不经过投影球心的直线的赤平极射投影，仍为一直线，如图 3-8 中的直线 CD。

综上所述，凡是一条通过投影中心的直线，它的赤平极射投影是一个点，称之为极点；任意一个不通过球心的平面的赤平极射投影都是一个圆；一个通过投影球心的平面，它的赤平极射投影可以用大圆弧表示，也可以用一个极点（平面法线的投影）来表示。

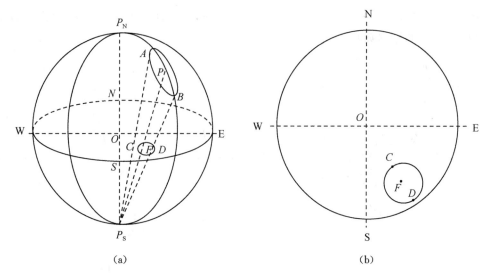

图 3-7　不通过球心的倾斜平面的赤平极射投影

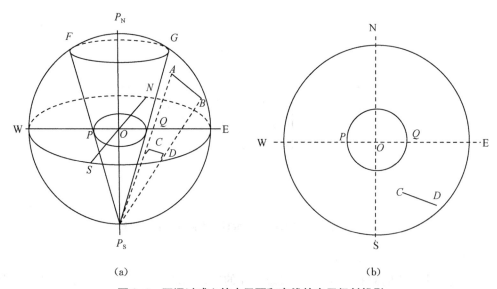

图 3-8　不通过球心的水平面和直线的赤平极射投影

3.2　投影网及其特征

为了便于迅速绘制赤平极射投影图、判读平面和直线的空间方向以及它们之间的角距关系,需要一个按照赤平极射投影原理预先绘制好的投影网。

前苏联学者吴尔福 1902 年发表的赤平极射投影网,称为吴氏投影网(图 3-9)。投影网的外圆代表投影球的赤道平面,其直径为 20 cm,投影网的网格是由 2°分格的一组经线和一组纬线组成的。其中经线为通过投影球心、走向南北、倾向东和倾向西、倾角由 0°到 90°的一组平面的赤平极射投影,纬线为不通过投影球心、走向东西、纬度(距投影球中心直立轴的度数)为南纬 0°到 90°和北纬 0°到 90°的一组垂直于赤道平面的平面的赤平极射投影,由上一节的分析可知,这些经线和纬线都是圆弧,可以根据图 3-3、图 3-6 的原理和方法,求出作图圆心后,用圆规将它们绘出。因此,如果在作图和测读时,手头没有现成的投影网,可以按照下述的方法自行绘制。

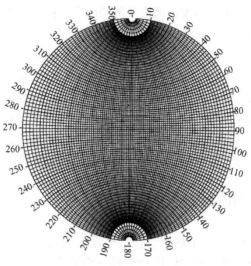

图 3-9　吴氏投影网

取直径为 20 cm 作一圆,通过圆心 O 作 EW 和 SN 两条互相垂直的直线,并将圆周按360°方位角分度。然后每隔 20°绘制一条经线和纬线。

(1) 经线绘制法。首先,作东半圆上每隔 4°的分度点与 S 点(或 N 点)的连线,这些直线与 EW 线及其延长线有一系列交点,这些交点就是绘制投影网西半部的经线的作图圆心,然后分别以这些交点为圆心,以它们到 S 点(或 N 点)的距离为半径,作一系列通过 N、S 两点的圆弧,就得出了投影网西半部的经线。按照相同的作图方法,作西半圆上每隔 4°的分度点与 S 点(或 N 点)的连线,得出作图圆心,就可绘出投影网东半部的经线。至此,投影网的经线绘制完毕。图 3-10 表示倾向东,倾角为 30°的一条经线的绘制方法。

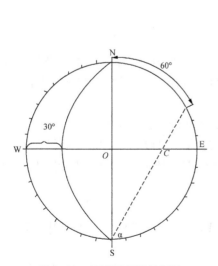

图 3-10　投影网经线绘制法

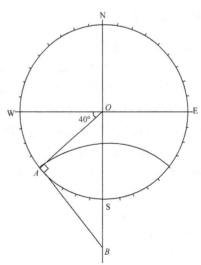

图 3-11　投影网纬线绘制法

（2）纬线绘制法。首先，经过圆周上 SW（或 SE）弧段每隔 2°的分度点，作圆的一系列切线，这些切线与 SN 线的延长线相交于一系列交点，这些交点就是绘制投影网南半部纬线的作图圆心。然后以这些交点为圆心，以它们至各相应分度点的切线段的长度为半径，作一系列与圆相交的圆弧，这些圆弧即为投影网南半部的纬线。按相同的作图方法，过圆周上 NW（或 NE）弧段每隔 2°的分度点，作圆的一系列切线，又可得出一系列作图圆心，绘出投影网北半部的纬线。图 3-11 表示南纬 40°的一条纬线的绘制方法。

吴氏网是一种等角度投影网，或称为保角投影网，用圆规、直尺就可以作图，使用比较方便，是应用最广的一种投影网。此外，还有一种投影网为施米特所作，称为施米特投影网，其作图方法与吴氏网略有不同，是一种等面积投影网。它用于对结构面进行统计分析，绘制结构面等密度图比较方便。还有一种弗德洛夫投影网，其作图原理和方法与吴氏网相同，只是表示的内容多一些。其他的各种投影网，则主要是为特殊用途而作。

3.3 赤平极射投影图的绘制与测读方法

应用赤平极射投影表示空间上的点、直线、平面等几何要素，包括根据已绘出的赤平极射投影图测读它们的空间方向和产状，以及根据它们的空间方向和产状作出它们的赤平极射投影图两个方面。

3.3.1 作图与测读之前的准备

首先，选择一个投影网。通常在作图或临时性测读时，可采用半径为 5 cm 的吴氏网；精确分析时，最好采用 10 cm 半径的吴氏网或吴尔福转盘。如果没有吴尔福转盘，可以将吴氏网固定在硬纸板上或桌面上，再用一张透明纸覆盖于吴氏网上，将图钉或大头针插于吴氏网的中心，确保透明纸在吴氏网上能够自由转动。

然后，在透明纸上描绘一个基圆，在基圆上标明东南西北方向。

第三，选择采用南极（P_S）发射线，即上半球投影。

3.3.2 基本作图方法

1）已知直线产状，求作其投影

已知一直线产状为倾伏向 N30°E，倾伏角 30°，求作其赤平极射投影。作图步骤如下：

（1）在透明纸上作一基圆，其直径等于投影网直径，O 为圆心。在基圆上标出 E、W、S、N 方位和方位角分度，如图 3-12。

（2）在基圆上根据已知直线的倾向（N30°E）标出 A 点，并连接 AO。

（3）将透明投影图覆于投影网上，使 AO 与投影网的 EW 线重合。延长 AO，找到与已知直线的倾伏角（30°）一致的经线将它与投影网的 EW 线的交点绘于投影图上，为 P 点。

（4）连接 PO，即为已知直线的投影。

2）已知平面的产状，求作其投影

已知一平面的产状为走向 N40°E，倾向 NW，倾角 30°，求作其赤平极射投影。作图步骤如下：

（1）如基本作图法 1），在透明纸上作好投影图基圆，并标出已知平面的走向方位点 A

$(N40°E)$ 和倾向方位点 $G(N50°W)$，如图 3-13。

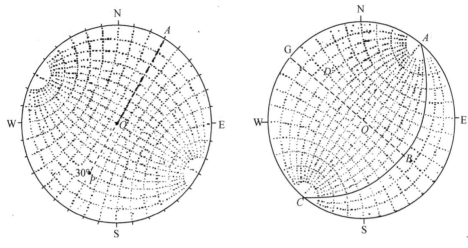

图 3-12　直线的投影的作图法　　　　图 3-13　平面的投影的作图法

（2）将透明投影图覆于投影网上，转动投影网，使 A 点与投影网的 N 点（或 S 点）重合，使 G 点与投影网的 W 点（或 E 点）重合。

（3）在与倾向方位点 G 相对的半圆内，找出与已知平面倾角一致的经线（30°），将其描在投影图上，得大圆 ABC。此大圆即为已知平面的投影。

在投影网上，可以根据图 3-10 绘制经线的原理和方法，求出其作图圆心后，用圆规来描绘经线。若已知平面的倾角小于 45°，则利用投影网来确定作图圆心非常方便。如图 3-13，由圆心 O 沿投影网的 EW 线按经线分度向已知平面的倾向方向数 60°（即二倍于已知平面的倾角）得 D 点，即为已知平面的投影大圆的作图圆心。

3）已知直线产状，求作垂直于该直线的平面

已知一直线产状为倾伏向 $N50°E$，倾伏角 50°，求作垂直于此直线的平面。作图步骤如下：

（1）按基本作图法 1），将已知直线绘于透明的投影图上，为直线 PO（图 3-14）。

（2）将投影图覆于投影网上。转动投影网，使 PO 与投影网的 EW 线重合。

（3）自 P 点沿投影网的 EW 线，向圆心方向按经线的分度数 90°，得 B 点。

（4）将 B 点所在的经线绘在投影图上，得大圆 ABC，即为所求作平面的投影，其产状为走向 $N40°W$，倾向 SW，倾角 40°。

根据这一作图法，若已知极点，即可作出它所代表的结构面。

4）已知平面，求作其法线；或已知平面，求作其极点

已知平面产状为走向 $N40°E$，倾向 NW，倾角 60°，求作其法线。作图步骤如下：

（1）按基本作图法 2），将已知平面绘于透明的投影图上，为大圆 ABC（图 3-15）。

（2）将投影图蒙在投影网上，转动投影网，使 A、C 两点与投影网的 S、N 重合，大圆 ABC 与投影网的 EW 线的交点为 B。

（3）连 BO，即为已知平面的倾向线。自 B 点沿投影网的 EW 线向圆心方向按经线的分度数 90°，得 P 点，即为已知平面的极点。

(4) 连 PO,即为求作法线的投影,其产状为倾伏向 $S50°E$,倾伏角 $30°$。

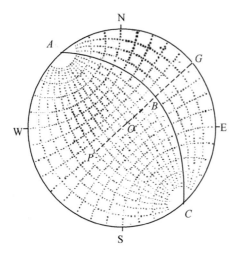

图 3-14　垂直于已知直线的平面的作图法　　图 3-15　已知平面的法线的作图法

5) 已知两直线,求作包含此两直线的平面

已知两直线的投影如图 3-16,为 CO 和 DO,求作一平面包含此两直线,作图步骤如下:

(1) 将透明的投影图覆于投影网上。转动投影网,直至 C、D 两点落在投影网的同一条经线上。

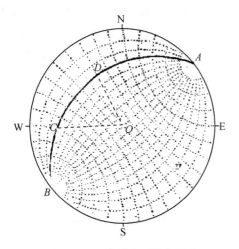
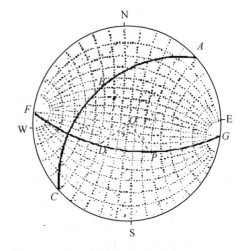

图 3-16　两直线共面的作图法　　图 3-17　过一直线作一平面垂直于另一平面

(2) 将包含 C、D 两点的这条经线描绘在投影图上,得大圆 $ADCB$。此大圆即为求作平面的投影,其产状为走向 $N50°E$,倾向 SE,倾角 $30°$。

6) 过一直线,求作一平面垂直于另一已知平面

在透明的投影图上已绘一已知平面的投影为大圆 ABC 和一已知直线的投影 DO(图 3-17),求作一平面包含 DO 并垂直于已知平面 ABC。作图步骤如下:

(1) 按基本作图法 4),作出已知平面 ABC 的法线,为 PO。

(2) 按基本作图法 5),作包括已知直线 DO 和已知平面的法线 PO 的平面,为大圆 FD-

PG,即为求作平面的投影。

7) 已知相交两直线,求它们的夹角

在透明的投影图上,已绘已知相交两直线的投影为 CO 和 DO(图 3-18),求作它们的夹角,作图步骤如下:

(1) 按基本作图法 5),作出包括直线 CO 和 DO 的平面的投影,为大圆 $ADCB$。

(2) 将投影图覆于投影网上。转动投影网,使 A、B 两点与投影网的 S、N 重合,将 D、C 两点沿其所在的纬度线移至基圆,亦即将平面 $ADCB$ 翻转至水平位置,得 F、H 两点。

(3) 连接 FO、HO,$\angle FOH$ 即为 DO 和 CO 两直线的夹角。其角度值可以根据 FH 弧段所包含的方位分度数读出,或在投影网上根据 CD 弧段所包含的纬度数读出,如图 3-18 为 60°。

与作图法 4)同理,由此作图法求出的夹角为两直线同时位于上半球时的夹角,另一个夹角与其呈互补关系,为 120°。

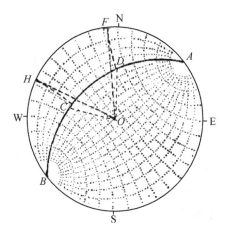

图 3-18　两直线夹角的作图法

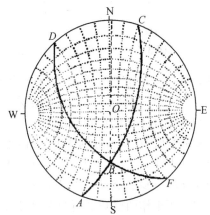

图 3-19　两平面交线的作图法

8) 已知两平面,求作它们的交线

已知两平面的产状分别为走向 $N20°E$,倾向 NW,倾角 60°,和走向 $N40°W$,倾向 NE,倾角 40°,求作它们的交线。作图步骤如下:

(1) 按基本作图法 2),根据两已知平面的产状作出它们的投影,为大圆 ABC 和 DBF,它们相交于 B 点,如图 3-19。

(2) 连 BO,即为两已知平面的交线,读出其产状,为倾伏向 $N2°E$,倾伏角 29°。

9) 已知相交两平面,求作它们的夹角

在透明的投影图上,已绘相交两平面的投影为大圆 AIB 和 CID,I 为它们的交点(图 3-20),求作它们的夹角。作图步骤如下:

(1) 按基本作图法 3),以 I 为极点,作其所代表的平面,即作一同时垂直于两已知平面的平面,其投影为大圆 $EKHW$,它与两已知平面的交点为 K 和 H。

(2) 将投影图覆于投影网上,转动投影网,使投影图的 E、W 两点与投影网的 S、N 重合,将 K、H 两点沿其所在的纬度线移至基圆,得 F、G 两点,连 FO、GO,$\angle FOG$ 即为所求作两已知平面的夹角,其角度值为 FG 弧段所包含的方位度数,或将 KH 弧段所包含的纬度数读出,为 84°。

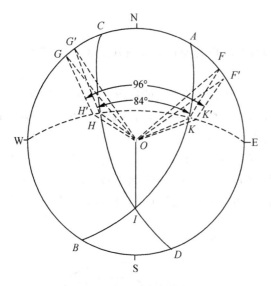

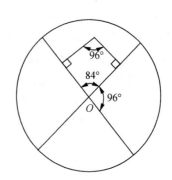

图 3-20　两平面夹角的作图法　　　　图 3-21　两平面夹角的互补关系

同两直线相交的情形一样,两平面相交也共有四个成对相等的夹角,除了两平面互相垂直者外,有两个不等的夹角,两者为互补关系。因此,另一夹角的角度值为 180°−84°＝96°。这个夹角也可以用下面的作图法求出:

(1) 按基本作图法 4),分别作出已知平面 *AIB* 和 *CID* 的法线,为 *K'O* 和 *H'O*(图 3-20)。

(2) 按基本作图法 5),作包括 *K'O* 和 *H'O* 两法线的平面,为大圆 *EK'H'W*。这个大圆也就是 *EKHW* 大圆。将 *K'* 和 *H'* 两点沿纬度线移至基圆,得 *F'*、*G'* 两点,连 *F'O*、*G'O*,∠*F'OG'* 亦为所求作两已知平面的夹角,读得其角度值为 96°。

以上两种作图求出两已知平面的夹角是不等的,两者恰为互补关系。如图 3-21,前一种作图法求得的夹角为两平面同时位于上半球(或下半球)时的"真正"夹角,后一种作图法求得的夹角则为其补角,它代表一平面位于上半球而另一平面位于下半球时的夹角,应用时必须对二者注意区别,分清所需要的是哪一个夹角。

10) 已知相交的两平面,求作其夹角的等分面

图 3-22 已绘相交两平面的投影,为大圆 *AIB* 和 *CID*,*IO* 为它们的交线,求作此两平面的夹角的等分面,作图步骤如下:

(1) 按基本作图法 9),作已知平面 *AIB* 和 *CID* 的交线 *IO* 的垂直面,为大圆 *RMTP*,它与大圆 *AIB* 和 *CID* 分别相交于 *M*、*T* 两点。*MT* 弧段所包含的纬度数为两已知平面的夹角。平分 *MT* 弧段(按 *MT* 弧段所包含的纬度数平分),得 *Q* 点。

(2) 连 *QO*。按基本作图法 5),作包含 *IO* 和 *QO* 两直线的平面,为大圆 *KIQL*,即为所求作两已知平面的夹角的等分面的投影。

同样,因两平面相交有两个不等的夹角。因此,也就有两个夹角等分面,并且两个夹角等分面必定互相垂直。上述为其中一个夹角等分面的作图方法。另一个夹角等分面可以根据它与上面已作出的夹角等分面垂直的关系,按基本作图法 6)作出。即过直线 *IO*,作一平面垂直于已作出的夹角等分面 *KIQL*,得大圆 *FIGH*(*GO* 为大圆 *KIQL* 的法线)。或者直接在 *RQTP* 大圆上取 *QG* 弧段等于 90°,然后过 *I*、*G* 两点作一大圆亦为大圆 *FIGH*。这个大圆

即为另一个夹角等分面的投影,如图 3-22。

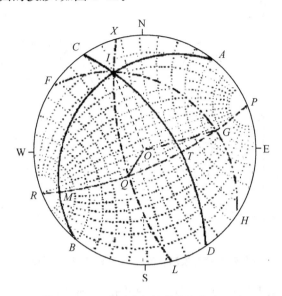

图 3-22　两平面夹角的等分面的作图法

11) 已知平面绕某一水平轴旋转 α 角,求旋转后的产状

为了说明平面绕水平轴旋转的作图方法,先来观察一下球面上的一点 P,当它以赤道平面的 EW 水平线为旋转轴旋转时,它在球面上的移动轨迹及其投影在投影图上的移动轨迹见图 3-23。

设 P 点的方位为 E,它距投影球中心直立轴的角距为 40°(即直线 PO 的倾伏角为 50°),它的赤平极射投影为 C 点。现设 P 点围绕赤道平面的 EW 线向南旋转,当 P 点转至 A 点时,它的投影也由 C 点移至 A 点。继续转动,P 点将位于投影球下半球的球面上,它的赤平极射投影将在赤道大圆之外。这时,可以用 P 点的对蹠点的投影来表示,即当 P 点转至下半球球面上时,它的对蹠点的投影将在赤道大圆的第二、三象限中出露。如 P' 点的对蹠点 Q 的投影为 C' 点。当 P 点转至 B 点时,它的投影为 B 点(或 B' 点)。继续转动,P 点的投影就在赤道大圆的第一象限中出露。当 P 点继续转动达于原点,完成一周的转动时,它的投影也转至 C 点。

由图 3-23 可以看出,当 P 点围绕赤道平面的 EW 线转动一周时,它在球面上的移动轨迹恰为一距投影球中心直立轴角距为 40°,并垂直于赤道平面的一个平面的球面投影。因此,P 点的赤平极射投影的移动轨迹也恰好就是投影网上表示纬度为 40°的一条纬线。这样,就可以利用投影网方便地进行作图了。

例如,求作上述 P 点绕 EW 水平轴旋转的投影轨迹时,就将绘有 P 点的投影点 C 的透明投影图覆于投影网上。然后,转动投影网,使投影图的 EW 线(水平旋转轴)与投影网的 SN 线重合(图 3-24)。将 C 点沿其所在的纬线(40°)按指定的旋转方向(向 S)移动,当 C 点移至基圆的 A 点时再继续转动,它将在投影图的第二象限中出露,为 A' 点,并沿表示相同纬度的纬线向下移动经过 C' 点再达于基圆的 B' 点,再继续移动,投影点又自投影图的第一象限中出现,并沿同一纬线回至原点,完成一周的转动,于是得出了 P 点绕 EW 水平轴旋转一周时,它的赤平极射投影的移动轨迹为圆弧 BCA 和 $A'C'B'$,如图 3-24。

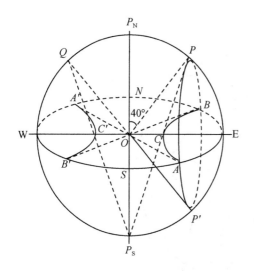

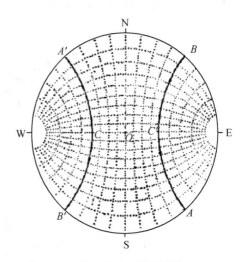

图 3-23　球面上一点绕水平轴旋转的投影轨迹　　**图 3-24　极点绕水平轴旋转的作图法**

根据这一原理,如果求作 C 点围绕某一水平轴旋转某角度 α 时,就将旋转轴与投影网的 SN 线重合,将 C 点按指定的旋转方向,沿其所在的纬线移动 α 角(按投影网经线表示的分度值量度),即可作出其移动轨迹,及其旋转 α 角后的投影位置。由此,也就不难推及一已知平面绕某一水平轴旋转的作图方法了。

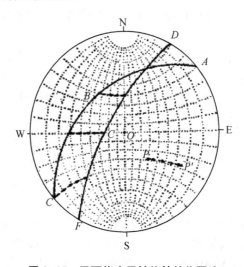

图 3-25　平面绕水平轴旋转的作图法

例如,已知一平面产状为走向 N50°E,倾向 SE,倾角 40°,其赤平极射投影如图 3-25 所示,为大圆 ABC。设该平面以 SN 水平轴为旋转轴,向 E 旋转 38°,求旋转后的产状。作图步骤如下:

(1) 将投影图覆于投影网上,便投影图的 SN 线(旋转轴)与投影网的 SN 线重合。

(2) 将已知平面投影大圆 ABC 上各点,沿各自所在的纬线向 E 移动 38°,得到一系列新点。连接这些新点得大圆 DGF,即为该平面绕 SN 水平轴向 E 旋转 38°后的投影(图 3-25),其产状为 N30°E,倾向 SE,倾角 70°。

在实际作图时,只需根据已知平面的投影大圆上的 2～3 个典型点,作出它们沿纬线移动指定角度后的新点。然后,转动投影网,使这 2～3 个新点同时落在一条经线上,将这条经线描在投影图上,即得到已知平面旋转后的投影。

如果用极点来代表已知平面的投影,则作图更简便,如图 3-25 中 P 点为已知平面的极点。作图时,同样使投影图的 SN 线(旋转轴)与投影网的 SN 线重合,将 P 点沿其所在的纬线向 E 移动 38°;得 P′ 点。作出 P′ 点所代表的平面的投影大圆 DGF,即为已知平面绕 SN 水平轴向 E 旋转 38°后的投影。

12) 已知平面绕某一倾斜轴旋转 α 角,求作其旋转后的投影

图 3-26 已知平面的投影为大圆(1),以及一倾斜直线的投影点 P。直线倾伏向 W,倾伏角为 β。求作已知平面围绕直线投影点 P 向 N 旋转 α 角后的投影。其作图方法有两种。

作图法 I

首先,将倾斜直线 P 逆其倾斜方位转至水平位置,即以 SN 水平线为旋转轴将其向 E 旋转 β 角。相应地,已知平面也绕 SN 水平轴向 E 旋转 β 角。依照基本作图法 11 的作图方法,得出已知平面绕 SN 水平轴向 E 旋转 β 角后的投影为大圆(2)(图 3-26)。

然后,再按基本作图法 11)的方法,以 EW 水平线为旋转轴,将大圆(2)向 N 旋转 α 角得大圆(3)。

最后,再以 SN 水平线为旋转轴,将大圆(3)向 W 旋转 β 角,得大圆(4),即为已知平面绕倾斜直线 P 向 N 旋转 α 角后的投影,如图 3-26。

同样,也可以用极点代表已知平面,按上述作图步骤作出极点绕 P 轴向 N 旋转 α 角后的投影,然后再作出投影大圆,这样作图比较简便,并且投影图也比较清晰。

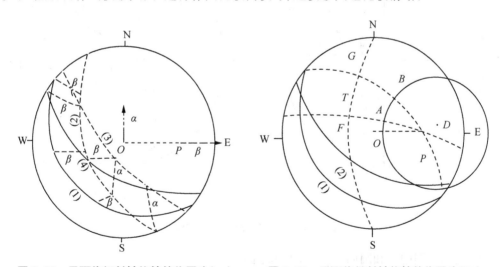

图 3-26　平面绕倾斜轴旋转的作图法(一)　　图 3-27　平面绕倾斜轴旋转的作图法(二)

作图法 II

首先,作出已知平面的极点 A(图 3-27)。按基本作图法 5)通过 A、P 两点作一大圆 AP,并以 P 点为中心,通过 A 点作一小圆[作图的原理和方法见基本作图法 14)]。

然后,按基本作图法 9)的方法,通过 P 点作一平面,使其与 AP 平面的夹角为 α,为此,先作直线 P 的垂直平面为大圆 NFS,它与 AP 大圆相交于 F 点,在 NFS 大圆上取 FG 弧

段,使其所包含的纬度数等于 α(α 角的取向应和指定旋转方向一致)。然后,过 G、P 两点作一平面,它与 AP 平面的夹角即等于 α。大圆 GP 与小圆的交点 B,就是已知平面绕倾斜直线 P 向 N 旋转 α 角后的极点。根据极点 B 即可作出求作平面的投影大圆,如图 3-27 中大圆(2),它的产状与图 3-26 的大圆(4)一致。

13) 已知一不经过投影球心的倾斜平面与球面相切的圆的半径和中心,求作其投影,即已知中心和半径,求作小圆

图 3-28(a)为通过已知倾斜平面与球面相切的圆的中心点 P,并垂直于赤道平面的剖面图。圆弧 LP=圆弧 MP=30°,为已知平面与球面相切圆的半径,P 点投影于 C 点,L 点投影于 A 点,M 点投影 B 点。由投影原理可知,AC 和 BC 线段所包含的经线分度数均为 30°。AB 为小圆的直径,平分 AB 线段即可得到小圆的作图圆心。因此,小圆的作图步骤如下:

(1) 将已绘小圆的中心点 C 的透明投影图覆于投影网上。转动投影网,使 C 点落在投影网的 EW 线上[图 3-28(b)]。

(2) 在 C 点的左右,按投影网的经线分度各取 CA=30°(即等于小圆的半径),CB=30°,AB 即为所求作小圆的直径。

(3) 平分 AB(按 AB 线段的长度平分),得作图圆心 D。以 D 为圆心、DA 为半径作一圆,即为求作的小圆。这一作图法,在岩体稳定分析中,作滑动面的摩擦圆时经常用到。

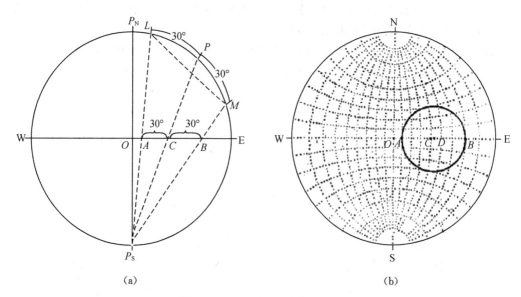

图 3-28 已知中心和半径作小圆

14) 已知小圆中心和圆周上一点,求作小圆

投影图上已绘小圆的中心点 C 和圆周上的一点 A(图 3-29),求作小圆。作图步骤如下:

(1) 将投影图覆于投影网上,转动投影网,使 C、A 两点同时落在一条经线上。按投影网纬线的分度读取 AC 弧段的角度值,这就是小圆的半径,如图 3-29 为 30°。

(2) 再转动投影网,使 C 点落在投影网的 EW 线上。按照上一作图步骤读取的小圆的半径,在 C 点的左、右按经线的分度取 B、D 两点,使 BC=30°、DC=30°,BD 线段即为求作

小圆的直径。

（3）平分 BD 线段，得 F 点。以 F 点为圆心，FD 为半径作一圆，它必定通过 A 点，为求作的小圆。

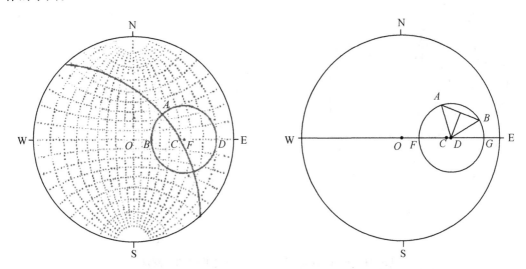

图 3-29　已知中心和圆周上一点作小圆　　　**图 3-30　已知小圆中心方位和圆周上两点作小圆**

15）已知小圆中心点的方位和圆周上的两点，求作小圆的中心和小圆

图 3-30 中已绘小圆圆周上的 A、B 两点，并已知小圆中心的方位为 EW，求作小圆的中心和小圆，作图步骤如下：

（1）在投影图上作 EW 线，小圆的中心已知在这一直线上。

（2）连 AB，并作 AB 线段的垂直等分线与 EW 线相交于 D 点，D 点即为小圆的作图圆心。

（3）以 D 为圆心，DA=DB 为半径作一圆，为求作的小圆，小圆与 EW 线相交于 F、G 两点。FG 线段为小圆的直径。

（4）由图读得小圆的直径 FG 等于 60°，平分 FG 为 30°，得 C 点，即为小圆的中心。

16）已知一直线，求作在一直立平面上的垂直投影，并求已知直线与该平面的夹角

图 3-31（a）为一立体示意图。AO 为已知一直线，它的赤平极射投影为 P 点。平面 KELW 为走向 EW 的一直立平面。过 A 点作一直线 AG 垂直于直立平面 KELW，交点为 G。G 点，即为 AO 在直立平面 KELW 上的垂直投影，由于 AG 垂直于走向 EW 的直立平面，它必然是一 SN 向的水平线，因而 AGO 平面必定是一个走向 SN 的平面，延长 OG 与球面交于 B 点，B 点的赤平极射投影为 C 点，C 点必然在直立平面 KELW 的投影线（EW 线）上。由于 A、B 两点同在 AGO 平面上，因此它们的赤平极射投影 P 点和 C 点必定在此平面的投影大圆上，如图 3-31（a）。由此可以得一直线在一直立平面上的垂直投影的作图方法如下：

如图 3-31（b），已知一直线的投影点为 P，求作在走向 EW 的直立平面上的垂直投影时，就将投影图覆于投影网上，并使投影图的 EW 线（直立平面的投影）和投影网的 EW 线重合。然后，将 P 点沿其所在的经线移至 EW 线上，得 C 点。连 CO，即为直线在 EW 直立平面上的垂直投影。PC 弧段所包含的纬度数即为已知直线与 EW 直立平面的夹角，如图 3-

31(b)所示为 50°。

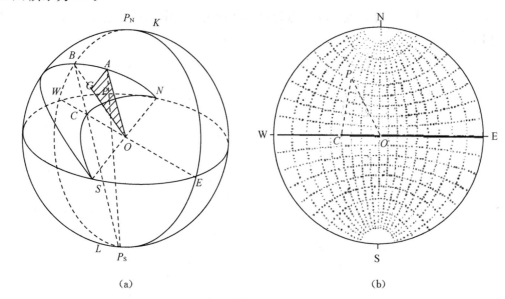

(a)　　　　　　　　　　　(b)

图 3-31　已知直线在直立平面上垂直投影的作图法

同时,由图 3-31(a)还可以看出,AGO 平面是一个包括直线 AO 并垂直于 EW 直立平面的平面,这两个平面的交线就是直线 AO 在 EW 直立平面上的垂直投影。因此,按基本作图法 6),过已知直线投影点 P 作一平面垂直于 EW 直立平面,它的投影大圆 $NPCS$ 与 FW 线的交点 C 和圆心 O 的连线 CO 即为求作投影图 3-31(b)。应用这一方法,求作已知直线在某一倾斜平面上的垂直投影时较为方便。

例如,已知一直线和一倾斜平面,它们的赤平极射投影如图 3-32,为直线投影点 P 和大圆 ABC,求作直线 P 在该平面上的垂直投影。作图步骤如下:

(1) 作已知倾斜平面的法线[基本作图法 4)],为 Q 点。

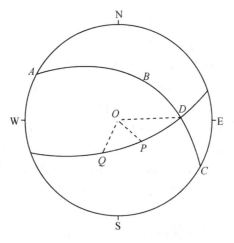

图 3-32　已知直线在倾斜平面上垂直投影的作图法

(2) 过 P 点、Q 点两直线投影点作一平面[基本作图法 5)],为大圆 QPD,它与 ABC 大

圆相交于 D 点,即为已知直线 P 在 ABC 平面上的垂直投影。PD 弧段所包含的纬度数即直线为 P 与 ABC 平面的夹角。

以上十六种作图方法是最基本的、最常用的。只有在熟练地掌握之后,才能在实际应用中运用自如,并结合地质力学、岩体结构和岩体稳定分析等具体问题加以展开和发挥。

3.3.3 赤平极射投影网的测读方法

对已经绘好的投影图进行测读时,如果有透明的投影网,可以将投影网覆于投影图上进行测读(投影网的大小应与投影图一致)。如果没有透明的投影网,则要将描在透明纸上的投影图覆于投影网上进行。在作投影图时,则一般都是用透明纸蒙在投影网上进行,利用投影网可以完成平面和直线的赤平极射投影的一切作图。

1) 极点的测读

在结构面的统计分析中,极点常用来代表结构面的产状,每一个极点代表一个结构面,极点的测读方法如下:

投影图上已绘一极点 A(图 3-33),求其所代表的结构面的产状。测读时,将透明的投影图覆于投影网上,使二者的圆心重合。转动投影网,直至 A 点落在投影网的 EW 线上,连 OA,OA 所指的方位(50°)为结构面的倾向方位。由 A 点向网格的圆心方向按经线的分度数 90°,得 P 点。P 点所在的经线即为极点 A 所代表的结构面的投影大圆,该经线端点在投影图基圆上的方位为结构面的走向方位,它所代表的角度为结构面的倾角。如图 3-33,极点 A 代表走向 N40°W,倾向 NE,倾角为 60°的结构面。若极点 A 是代表空间上一直线的投影,则联 AO,按图 3-34 的读图法读出该直线的产状。

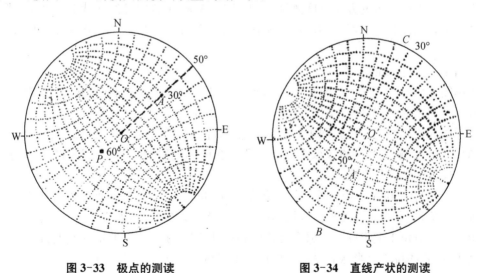

图 3-33 极点的测读　　　　图 3-34 直线产状的测读

2) 直线的产状

投影图上绘一直线投影 A,A 点为表示空间一直线的赤平极射投影,求其产状(图 3-34)。

将透明的投影图覆于投影网上。转动投影网,使 AO 与投影网的 EW 线重合。延长 OA 到基圆,得 B 点。读 BA 线段所包括的经线的分度值,或 A 点在经线所代表的角度,便是该直线的倾伏角(50°)。AO 所指的方位,或延长 AO 至基圆,得 C 点,C 点的方位分度值,就是该直线的倾伏向（30°），如图 3-34。

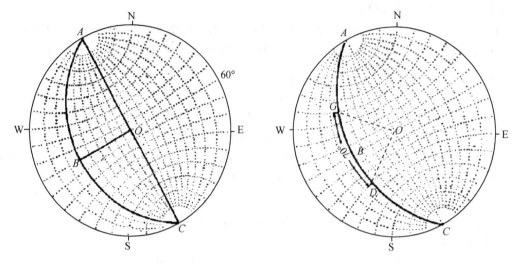

图 3-35　平面产状的测读　　　　图 3-36　平面上两直线夹角的测读

3）平面的产状

图 3-35 所示大圆 ABC 为一平面的赤平极射投影，求该平面的产状。

将透明的投影图覆于投影网上，转动投影网，使 A、C 两点与投影网的 S、N 重合，亦即使平面的走向线 AC 与投影网的 SN 线重合。连 BO，B 点所指方位为平面的倾向方位（60°）。A 点（或 C 点）所在的方位为平面的走向方位（注意平面的走向和倾向的方位均应根据投影图基圆上所标示的方位分度测读）。与大圆 ABC 重合的经线所代表的角度，即为该平面的倾角。由图 3-35 读得大圆 ABC 所代表的平面的产状为走向 $N30°W$，倾向 NE，倾角 30°。

4）平面上两直线的夹角

投影图上已绘一平面的投影为大圆 ABC，D 和 G 为该平面上的两条直线的投影点，即 D 点和 G 点都在大圆 ABC 上，求读出两直线的夹角（图 3-36）。

将透明的投影图覆于投影网上。转动投影网，使 A、C 两点与投影网的 S、N 重合。在大圆 ABC 上按投影网的网格读取 DG 弧段所包含的纬度线的纬度数，就是两直线的夹角。如图 3-36，两直线的夹角为 70°。

平面上两直线相交，共有四个成对相等的夹角，也就是说，除了两直线垂直相交外，有两个不等的夹角，两者为互补关系。因投影图只表示上半球的投影，所以由此读图法读得的夹角为两直线同时位于上半球时的那个夹角（两直线同时位于下半球时的夹角与此相同）。另一个夹角（一直线位于上半球而另一直线位于下半球）为 $180°-70°=110°$。

3.4　结构面赤平极射投影的统计分析法

3.4.1　概述

结构面是在地质历史发展过程中，尤其是在构造变形过程中形成的。在岩体中，结构面往往按照它们的生成关系,构成一定的组合,呈有规律的分布。它们既有成组发育(产状基本一致)的特点,又有一定的分散性。并且,各组结构面的规模和发育程度,也常常很不平衡,在经受过多次构造运动作用的岩体中结构面更呈现出既有规律又极其复杂的分布状态。

为了确定岩体中结构面发育的组数和各组结构面的发育程度,确定各组结构面,尤其是主要结构面的代表性产状,并进而推求结构面的形成和发育规律,分析断裂体系和岩体的构造变形过程,经常采取对结构面进行统计分析的方法。因此,结构面的量测和统计分析是工程地质测绘中一项很重要的工作。在实际工作中,常常要求在某一工程地段范围内,系统地量测成百上千个结构面,进行统计分析,其统计结果常以玫瑰图、极点图和等密图表示。

实际岩体中的结构面,无论在走向上或倾向上都常有不同程度的波状起伏,但在工程地质工作中,一般都可以近似地把它们视为平面,用赤平极射投影方法表示结构面的走向、倾向和倾角,既简便清晰,又便于进一步作各种图解分析。因此,赤平极射投影是表示结构面的一种比较优越的方法。例如,某一结构面的产状为 $N30°E/SE\angle60°$,可用图 3-37 中的 ABC 大圆表示[基本作图法 2)],也可以用图中的极点 P 表示[基本作图法 4)]。前者常用于表示特定的结构面或代表性的结构面,后者则多用于进行结构面的统计分析。

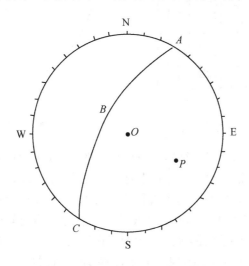

图 3-37　结构面的赤平极射投影表示法

3.4.2　统计分析

采用赤平极射投影进行结构面统计分析的方法,常称为极点投影图法和等密度图法。这里只就利用等面积投影网(施米特网)和利用等角度投影网(吴氏网)进行结构面的统计分析的异同之处做些说明。

(1)应用等面积投影网和等角度投影网作结构面的统计分析都包括根据结构面的产状的量测资料作结构面的极点投影图(一个极点代表一个结构面)、极点计数图、极点等密度图以及根据极点等密度图确定结构面发育的组数、代表性结构面的产状及其组合发育规律等作图分析步骤。

(2)采用等面积投影网绘制的结构面极点投影图,必须用图 3-38 所示的计数网格和计数规尺进行计数。这个计数网格由间隔为 1/20 基圆直径的纵横直线组成。计数时,将透明的极点投影图蒙在计数网格上,用计数规尺在极点投影图上移动,逐次使规尺的小圆的圆心(小圆的直径为 1/10 基圆直径)与计数网格的纵横线的交点重合,将落在规尺小圆内的极点数标记在网格的交点旁。量度极点投影图边部的极点数时,改用规尺 b(其两端小圆的直径亦为 1/10 基圆直径,两端小圆圆心距等于基圆直径),将落在规尺两端小圆内的极点总数标记在网格的交点旁,如图 3-38。计数结果,投影图内每个纵横线交点处都有一个极点数,表示百分之一面积内的极点密度。据此即可采用内插法绘出结构面极点等密度曲线图。

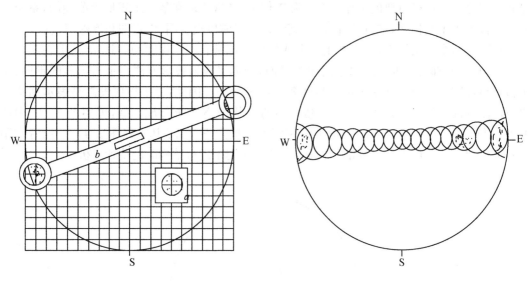

图 3-38 等面积投影的极点计数　　　　图 3-39 何作霖密度计

(3)采用等角度投影网绘制的结构面极点投影图,必须采用何作霖密度计(图 3-39)的量度规尺进行计数,或采用普洛宁密度统计网直接统计基圆内每百分之一的小圆面积的极点数目。何作霖密度计(量度规尺)是由直径为 20° 的一系列小圆组成[这些计数小圆系根据基本作图法 13)的原理,按吴氏投影网的经线分度绘制的],小圆与小圆的切点(即小圆的中心)为计数中心。计数时,将透明的极点投影图蒙在规尺上,再覆以透明纸。然后,将透明纸和极点投影图同时绕基圆圆心旋转,规尺不动,每转动 10° 计数一次。在透明纸上,将落在每个计数小圆内的极点数标记在计数小圆的中心上(如图 3-39),即得到极点计数图,据此再绘出结构面极点等密度曲线图。何作霖密度计虽制作简单,使用方便,但因为这密度计中的小圆面积超过了投影图总面积的百分之一,使用这种密度计所绘制的等密度线值偏高。

(4)根据极点投影图或等密度曲线图量度结构面的产状时,用施米特网绘制的投影图,必须用施米特网来量度,用吴氏网绘制的投影图,必须用吴氏网来量度,在使用极点投影图或等密度曲线图时,必须注意。

3.5　工程地质测绘的应用

地质力学的研究指出,水平岩层在水平构造应力作用下发生变形破裂时,首先出现一对共轭的平面 X 断裂(剪切节理)。若岩层变形进一步发展,沿平面 X 断裂可能形成一些平移逆断层,或使 X 断裂互相衔接起来,并沿它们拉开,形成锯齿状的张断裂。当构造变形进一步加剧,使岩层发生褶曲隆起时,就开始产生所谓剖面 X 断裂。这些在岩层受力变形和褶曲隆起过程中形成的构造断裂,在岩层褶曲变形加剧过程中,它们的产状都要跟随着发生变化,从而组成了各种不同的构造型式或构造体系。研究构造断裂在岩层构造变形过程中的产状变化,尤其是平面 X 断裂产状变化的规律,是构造断裂的力学分析的重要内容,它有助于鉴别构造断裂的力学性质和分析其形成过程。

3.5.1　岩层产状变化时平面 X 断裂产状的变化

平面 X 断裂是在构造运动初期,在岩层的产状还很平缓时形成的,当岩层褶皱隆起,产状变陡时,它们也将随之变位,在各自的产状上和相互之间的角距关系上发生变化。应用赤平极射投影方法,可以方便地研究平面 X 断裂的产状和它们的相互关系随岩层产状变化的规律。现设一水平岩层在南北向水平构造应力作用下,形成一对共轭的平面 X 断裂。断裂(1)的产状为 $N30°E$,$\angle 90°$,断裂(2)的产状为 $N30°W$,$\angle 90°$,两断裂之间的走向夹角为 $60°$(此时,两断裂面的夹角等于其走向夹角),如图 3-40。求岩层的倾角变陡时,它们的产状和相互关系的变化情况。

首先,作岩层水平时断裂(1)和断裂(2)的赤平极射投影图,为图 3-41(a),大圆 AOB 为断裂(1)的投影,大圆 COD 为断裂(2)的投影。设岩层在南北向构造应力继续作用下向北倾起后的产状为走向 EW,倾向 N,倾角 $30°$,大圆 EFW 为其投影。求这时断裂(1)和断裂(2)的新产状。

岩层产状由水平变为走向 EW,倾向 N,倾角 $30°$。即是水平面似 EW 水平线为旋转轴,向 N 旋

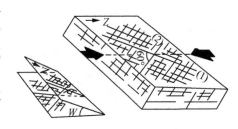

图 3-40　平面 X 断裂

转 $30°$。断裂(1)和断裂(2)亦相应随之绕 EW 水平线向 N 旋转 $30°$。按照基本作图法11)的方法,将断裂(1)和断裂(2)的投影 AOB 和 COD 大圆上各点沿投影网的纬度线向 N(投影图的 N)移动 $30°$,得断裂(1)和断裂(2)的新投影为大圆 FIL 和大圆 MIG。由图读得它们的产状分别为(1)$N26.5°E/SE\angle 75°$;(2)$N26.5°W/SW\angle 75°$。断裂(1)和断裂(2)的走向夹角由 $60°$ 变为 $53°$,而它们的真正夹角仍为 $60°$(图中的 KH 弧段)或 $120°$[图中的 PQ 弧段,P 为断裂(1)的极点,Q 为断裂(2)的极点]不变。

图 3-41(b)、3-41(c)、3-41(d)分别表示当岩层向 N 倾起,倾角为 $45°$、$60°$、$90°$ 时,断裂(1)和断裂(2)的产状变化情况,作图的原理方法与图 3-41(a)相同。为清晰起见,将图解的结果列于表 3-1 中。

由上面的图解分析结果可以看出,当岩层的倾角由平缓逐渐变陡时,平面 X 断裂之间的走向夹角逐渐减小。当岩层由水平变为直立产状时,平面 X 断裂(1)和(2)竟然变成了一对走向相同、倾向相反的断裂。同时由图解分析结果,还可以看出平面 X 断裂走向与岩层走向之间的夹角随岩层倾角变陡逐渐变大的一般规律,如果依次作出各种不同岩层倾角情况下的图解,求出相应的平面 X 断裂产状,它们之间的走向夹角,以及它们与岩层之间的走向夹角,就可以作出它们之间的角距关系曲线,如图 3-42 和图 3-43,以方便应用。

表 3-1 岩层倾角与平面 X 断裂产状变化的关系

岩层产状	平面 X 断裂的变化				断裂走向与岩层走向的夹角
	产状		断裂(1)和(2)的关系		
	断裂(1)	断裂(2)	走向夹角	断裂面夹角	
水平	$N30°E,∠90°$	$N30°W,∠90°$	60°	60°	60°
$EW,N∠30°$	$N26.5°E,SE∠75°$	$N26.5°W,SW∠75°$	53°	60°	63.5°
$EW,N∠45°$	$N21.5°E,SE∠68°$	$N21.5°W,SW∠68°$	43°	60°	68.5°
$EW,N∠60°$	$N16°E,SE∠62°$	$N16°W,SW∠62°$	32°	60°	74°
$EW,∠90°$	$NS,E∠60°$	$NS,W∠60°$	0°	60°	90°

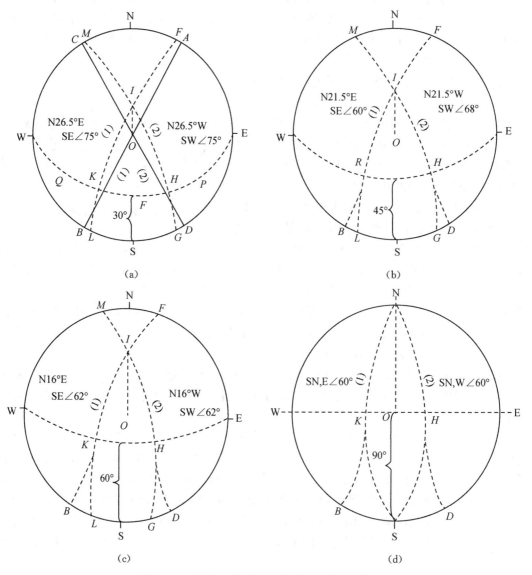

图 3-41 平面 X 断裂产状随岩层产状变化情况

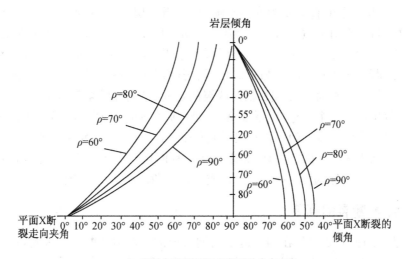

ρ ——岩层水平时平面 X 断裂的走向夹角

图 3-42 平面 X 断裂的倾角、走向夹角与岩层倾角关系曲线图

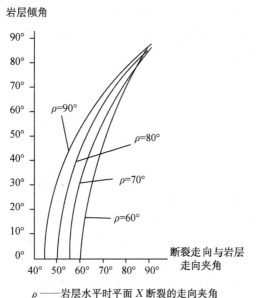

ρ ——岩层水平时平面 X 断裂的走向夹角

图 3-43 岩层走向与平面 X 断裂的走向夹角与岩层倾角关系曲线图

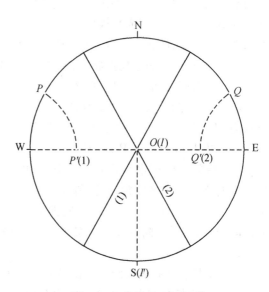

图 3-44 岩层向 S 倾起时平面 X 断裂产状的变化

图 3-44 表示上述岩层在南北向水平构造应力作用下,由水平状态向 S 倾起,倾角由 $0°$ 变到 $90°$ 时,平面 X 断裂(1)和(2)的产状变化的情况,图中岩层面和断裂面的产状均以其极点表示,I 为岩层面的极点,P 为断裂(1)的极点,Q 为断裂(2)的极点。当岩层向 S 倾起,倾角由 $0°$ 变至 $90°$ 时;岩层面的极点由 I 移至 I',断裂(1)的极点由 P 移至 P',断裂(2)的极点由 Q 移至 Q' 点。

若对比一下图 3-41 和图 3-44,可以发现,在岩层向 N 倾起和向 S 倾起的不同情况下,平面 X 断裂的走向和倾角的变化规律完全相同,但它们的倾向却正好相反,例如,断裂(1)

在岩层向 N 倾起时,它由直立变为向 SE 倾斜,而当岩层向 S 倾起时,它则由直立变为向 NW 倾斜,这一现象在对地质构造进行地质力学分析时十分重要,例如,在褶曲的两翼,由于岩层倾起的方向正好相反,因而生成于岩层近乎水平产状时的平面 X 断裂,虽然走向仍然相同(对同一组断裂而言),但倾向却正好相反。若褶曲的两翼产状很不对称或为倾伏角较陡的倾伏褶曲时,那么平面 X 断裂在褶曲两翼的走向、倾向和倾角都将不一致,显得更为复杂,由此可以得出这样一个结论:由平面 X 断裂发展而来的平移断层不可能切过相同规模的褶曲,这正是在野外很少见到平移断层错断整个褶曲,而是其错距由褶曲翼部向褶曲轴部逐渐变小,并逐渐尖灭的原因。同理,如果一条平移断层错断了一个完整的褶曲(背斜或向斜),那么它应当属于规模更大一级的构造,或者是后期构造运动的产物。

3.5.2　平面 X 断裂的判断

如上所述,平面 X 断裂是在构造运动初期形成的一对剪切断裂。因此,在岩层比较平缓时,可以根据平面 X 断裂近乎直立的产状和共轭发育的特征,很容易地将它们判别出来,并由此确定其生成的构造应力场特征和最大主应力方向,但当岩层发生了褶曲变形时,平面 X 断裂的产状也随着发生了变化,如果再加上序次上较晚的断裂的干扰,或另一次构造应力场的复合,就会使得这种早期生成的平面 X 断裂变得不易直接辨认。为了在多组断裂中鉴别平面 X 断裂,可以用赤平极射投影方法,将岩层以其走向线为轴旋转至水平位置,恢复平面 X 断裂的原始产状和组合特征,把它们判别出来。

恢复平面 X 断裂原始产状的作图方法如下:

(1) 作岩层层面和断裂面的赤平极射投影图。已知层面和三组断裂面的赤平极射投影[图 3-45(a)],图中大圆 CAB 为岩层层面,产状为 $N50°E/SE\angle40°$;大圆 AFD 为断裂(1),产状为 $N10°W/SW\angle70°$;大圆 BGD 为断裂(2),产状为 $N70°W/NE\angle70°$;大圆 CFG 为断裂(3),产状为 $N20°E/NW\angle70°$。

(2) 恢复岩层至水平产状。按基本作图法 11),将岩层层面以其走向线为旋转轴,向 NW 方向旋转至水平位置,旋转角等于层面的倾角,为 $40°$。旋转后,A 点移至 A' 点,B 点移至 B' 点,C 点移至 C' 点,投影图基圆即为层面旋转后的投影。与此相应各断裂面亦以层面的走向线为旋转轴,向 NW 方向旋转 $40°$。旋转后,D 点移至 D' 点,F 点移至 F' 点,G 点移至 G' 点。

(3) 作断裂面的新投影。根据 $A'F'O$、$B'G'O$ 和 $C'F'G'$ 可以作三组断裂面的新投影,如图 3-45(b),它们分别为大圆 $A'F'O$[断裂(1)]、大圆 $B'G'O$[断裂(2)]和大圆 $C'F'G'$[断裂(3)]。

由图 3-45(b)所显示的断裂(1)、断裂(2)的直立产状和共轭发育的特征,即可确定它们为平面 X 断裂,其形成的构造应力场的最大主压应力方向为北西-南东向。

在野外测绘和研究工作中,常常在构造的不同部位量测到许多节理。例如,在背斜的一翼量测到几组节理,在背斜的另一翼也量测到几组节理,在背斜的倾伏端或在其他构造部位又量测到几组节理。这些节理的产状可能是很不对应或零乱复杂的。为了鉴别其中哪些是同属于构造运动早期生成的平面 X 断裂,哪些是属于岩层褶曲形成之次一级应力场或另一次构造运动的产物,就可以用上述方法,将不同构造部位的岩层产状旋转至水平位置,然后根据平面 X 断裂的发育组合特征,将它们区别开来。若不然,只对所量测到的节理进行机械式的配套,而不管它们所在的不同构造部位,就不可避免地会常常得出错误的结论。

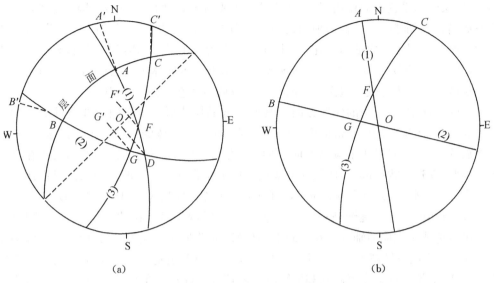

(a)　　　　　　　　　　　(b)

图 3-45　平面 X 断裂的判断

3.5.3　构造结构面的应力场分析

为了说明应用赤平极射投影方法图解分析构造结构面形成的应力场特征时方便，这里首先把构造结构面形成的力学机制方面的研究的一般结论简述如下。

岩体在构造应力作用下，发生张断裂和剪切断裂等两种形式的断裂。这种现象，可以根据应变椭球体得到解释。

岩体的三维应力状态一般用椭球体来表示，即所谓的应变椭球体（或应力椭球体），如图 3-46。椭球体的三个轴 CC、BB 和 AA，分别代表三个互相垂直的主应力 $\sigma_{max}(\sigma_1)$、$\sigma_{int}(\sigma_2)$ 和 $\sigma_{min}(\sigma_3)$。CC 为最大主应力轴，代表最大压缩方向；BB 为中间主应力轴；AA 为最小主应力轴，代表最大引张方向。

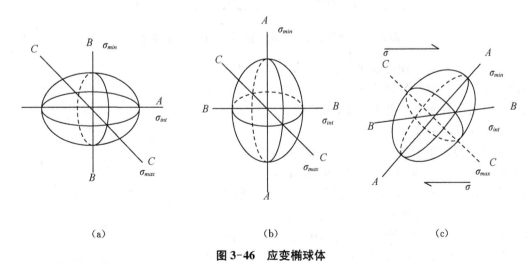

(a)　　　　　　　　　(b)　　　　　　　　(c)

图 3-46　应变椭球体

在不同的应力组合情况下，应变椭球体可以是平卧的、直立的和倾斜的。在构造运动的初始期,岩层受水平构造力作用,其应变椭球体为平卧的,如图3-46(a)。构造运动进一步加剧和发展,岩层褶曲隆起,垂直于地面的自由空间方向成为岩层变形的最大引张方向,于是就发生了所谓中间主应力轴的转化,它由直立的变为水平的。这时的应变椭球体就变为直立的了,如图3-46(b)。倾斜的应变椭球体通常用来表示岩体由于层间错动或断层两盘相对位移所诱导出的扭力或力偶作用下的一种等效应力状态,如图3-46(c)。

在实际岩体中,主应力的作用方向及其所造成的构造形式可以因局部条件的不同而不同。例如,在一个理想的褶皱带的中心(图3-47),作用于岩体的构造力主要是水平挤压力,应力释放的主要方向(最小主应力方向)是直立的,最大主压应力的作用方向大致在水平位置上。因此,在这个构造部位,比较大的褶曲大体上是直立的。它的受力状态可以用一个最大主应力轴(σ_1)水平,最小主应力轴(σ_3)直立的变形椭球体来表示[图3-47(a)]。从褶皱带中心往外,直接的挤压力逐渐被逆断层和逆掩断层两盘相对位移的剪切力或力偶替代了。这种情况就造成了主应力轴方向在空间上的旋转,而使最大主应力轴(σ_1)不再水平,最小主应力轴(σ_3)的方向也倾斜了。与此相应,岩层变形的情况也适应于应力系统的这种方向改变而发生变化,褶曲逐渐变得倾斜和倒转[图3-47(b)、(c)]。在褶皱带的边缘地带,由于岩层运动比较方便,会使褶曲变得非常不对称,岩层剧烈倒转。这里的应力条件表面看来是反常的,因为最大主应力(σ_1)几乎是在近于直立的方向上起作用[图3-47(d)]。

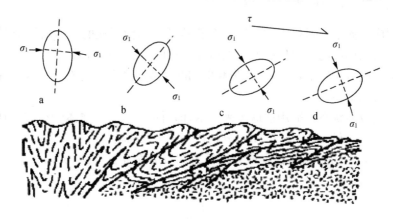

图3-47 理想褶皱带中构造变形及其应力状态变化

图3-47的情况,在许多规模较大的复式背斜中都可类似地见到。张性断裂产生于最小主应力(σ_3),即最大引张方向的垂直面上。也就是说,张性断裂面与σ_1和σ_3应力轴面的方向一致。

剪切断裂产生于与最大主应力(σ_1)方向呈($45°-\varphi/2$)角的平面上(φ是岩体的内摩擦角,大致是30°左右),与σ_1和σ_3轴面互相垂直,并且呈共轭发育,其夹角之锐角的等分面为σ_1和σ_2轴面,其夹角之钝角的等分面为σ_2和σ_3轴面,它们的组合交线的方向与中间主应力轴(σ_2)的方向平行,如图3-48(图为通过σ_1和σ_3应力轴所作的剖面图,σ_2和共轭剪切断裂面的组合交线的方向垂直于

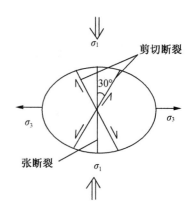

图3-48 断裂形成的力学机制示意图

图面)。

以上几个关于岩体中构造断裂形成的力学机制的基本概念,是进行构造断裂面形成的应力场分析的基本依据。在此基础上,根据构造断裂面的产状,以及断裂上、下盘的相对错动方向等,就可以用赤平极射投影方法,确定其形成的应力场特征,即主应力轴的方向。

1) X 断裂的应力场分析

X 断裂是一对共轭发育的剪切断裂,其形成的力学机制和应力场特征已如上述。

现设在一水平岩层上量测到两组节理。节理组(1)的产状为走向 $N30°E$,倾角直立,节理组(2)的产状为走向 $N30°W$,倾角也近于直立,两组节理面上均具有近乎水平的擦痕。根据擦痕顺逆的方向和节理间的切错位移方向判断,节理组(1)为左旋(左向平推)断裂,节理组(2)为右旋(右向平推)断裂,它们形成的应力场特征的图解步骤如下:

(1) 作两节理组的赤平极射投影图,如图 3-49(a)。大圆 AOB 为节理组(1)的投影,大圆 COD 为节理组(2)的投影,层面的投影即为基圆。两组节理的组合交线为一条铅直线,它的投影为圆心 O 点。

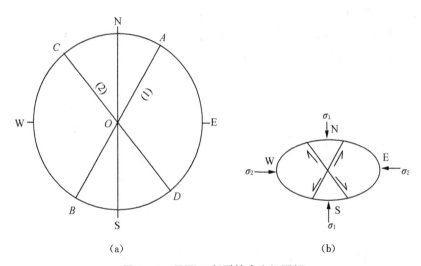

(a)   (b)

图 3-49 平面 X 断裂的应力场图解

(2) 按基本作图法 10),作节理组(1)和节理组(2)所夹锐角的等分面,为大圆 NOS,它是一个走向 SN 的垂直平面。

(3) 根据上述剪切断裂形成的力学机制,求得其应力场为:中间主应力轴(σ_2)为铅直方向,最大主应力轴(σ_1)为南北水平方向;最小主应力轴(σ_3)为东西水平方向,其应变椭球体的水平截面如图 3-49(b)。

又设一倾斜岩层,产状为 $N20°E/SE∠20°$,沿层面发育一系列层间错动(上盘向上错动)。同时,还发育有反倾向的冲断层,它们的产状为 $N10°W/SW∠60°$。层间错动与冲断层两者组成剖面 X 断裂,其形成的应力场特征的图解步骤如下:

(1) 作层间错动面和冲断层面的赤平极射投影图(图 3-50)。大圆 APB 为层间错动面,大圆 CPD 为冲断层面,它们的交线为 P。P 的方向就是中间主应力轴(σ_2)的方向。

(2) 按基本作图法 3),作 P 的垂直平面为大圆 FMNG,这个平面即为 σ_1 和 σ_3 轴面,它与大圆 APB、CPD 分别相交于 M、N 两点，MN 弧段所包含的纬度数为大圆 APB 和 CPD 的夹角（其原理参见图 3-20），读为 102°，是个钝角。平分 MN 弧段（按纬度数平分），得 H 点，即为 σ_3 的投影（若 MN 弧段为锐角，则 H 为 σ_3 的投影）。

（3）在大圆 FMNG 上取 HQ 弧段等于 90°。Q，即为 σ_1 的投影。

于是求得这个剖面 X 断裂形成的应力场特征为：σ_1 倾伏向 S78°W，倾伏角 20°；σ_2 倾伏向 S6°E，倾伏角 8°；σ_3 倾伏向 N62°E，倾伏角 68°。

2）断层的应力场分析

例题 I

设一断层，产状为 N10°E/SE∠60°。断层面上擦痕的倾伏向为 S50°E，并显示上盘向下错动，为一俯冲断层，求其形成的应力场特征。图解步骤如下：

ⅰ作断层面和擦痕的赤平极射投影图，如图 3-51（a）。大圆 AGB 为断层面，G 点为断层面上的擦痕投影。箭头表示断层上盘岩层的移动方向。

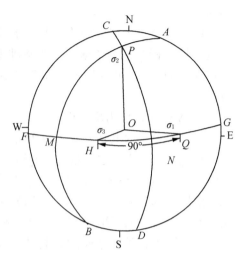

图 3-50　剖面 X 断裂的应力场图解

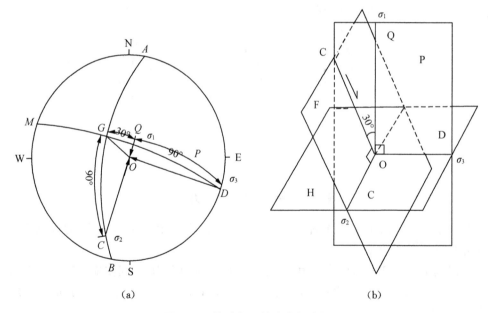

（a）　　　　　　　　　　　　　（b）

图 3-51　俯冲断层的应力场分析

ⅱ根据断层面的产状和擦痕的方向，以及上述断层形成的力学机制，在投影图上求出 σ_1、σ_2 和 σ_3 的方向。其求法详细说明如下：

图 3-51（b）为该断层形成的力学机制的立体示意图，图上 F 面为断层面，P 面为垂直于断层面并包括擦痕 G 的平面。根据剪切断裂形成的力学机制，这个平面就是 σ_1 和 σ_3 轴面。同时，根据剪切断裂面与最大主应力大致呈 30°夹角的关系（摩擦角 φ 为 30°），在 P 面上，并

在断层的上盘作一直线投影 Q,使 $\angle GOQ=30°$,Q 即为 σ_1,再在 P 面上作一直线投影 D,使 $\angle QOD=90°$,D 即为 σ_3。H 面为通过 D 并垂直于 P 面的平面,即 σ_2 和 σ_3 轴面,它与 F 面的交线投影点 C,即为 σ_1,在 F 平面上,C 和 G 必然互相垂直。

根据图 3-51(b)上擦痕 G 在 P 平面和 F 平面上与 σ_1、σ_2、σ_3 的角距关系,就可以方便正确地在赤平极射投影图上作出 σ_1、σ_2、σ_3 的投影,当掌握熟练之后,作图分析时图 3-51(b)完全可以省去。

a. 在大圆 AGB 上,由 G 点取 GC 弧段等于 $90°$,C 点,即为 σ_1 的投影。

b. 作大圆 AGB 的极点 P。过 G、P 两点作一平面,为大圆 $MGPD$。在大圆 $MGPD$ 上由 G 点沿顺时针方向(断层面的上盘)取 GQ 弧段等于 $30°$,再由 Q 点沿顺时针方向取 QD 弧段等于 $90°$。连 Q,为 σ_1 的投影。D,为 σ_3 的投影,于是求得了 σ_1、σ_2、σ_3 的方向。

如果上述断层的擦痕 G 显示断层上盘向上错动,为一逆断层时,其形成的应力场特征的图解则如图 3-52。它的图解原理和方法与图 3-51 是完全相同的,但是作图时应注意到,由于该断层为逆断层因此 $\sigma_1(Q)$ 应在断层面的下盘作出,即由 G 点沿 MGP 大圆向产逆时针方向取 GQ 弧段等于 $30°$(如图 3-52)。

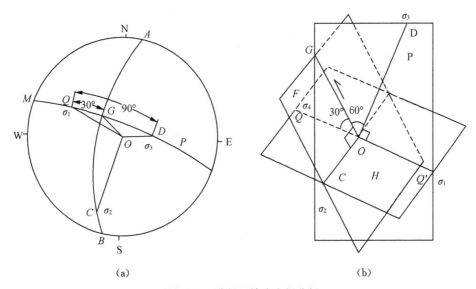

(a)   (b)

图 3-52 逆断层的应力场分析

例题Ⅱ

设一断层产状为 $N10°E/SE\angle 70°$,断层面上擦痕的倾伏向为 $S80°E$,并显示断层上盘向下错动,为一陡倾角的正断层,断层面和擦痕的赤平极射投影如图 3-53,分别为大圆 AGB 和直线 G。对这个断层形成的应力场作图解分析时,可有三种不同情况,并得出三种不同的应力场特征。

ⅰ 断层为张性正断层(横张断层)

根据张性断裂面垂直于最小主应力轴 σ_3 的力学机制,作断层面的法线投影点 P,它即为 σ_3 的投影。在这种情况下,断层面本身即为 σ_1 和 σ_2 轴面。若设擦痕 G 为断层上盘岩层在重力作用下沿断层面向下滑动所形成,则 G 即为 σ_2 的投影。在大圆 AGB 上由 G 点取 GC 弧段等于 $90°$,连 CO,即为 σ_1 的投影,如图 3-53(a)。

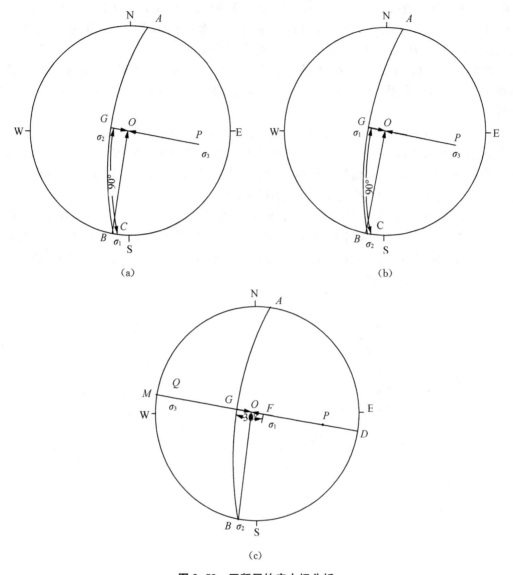

图 3-53 正断层的应力场分析

断层的这种应力场特征,说明它是一个横张断层,属于岩层在近乎水平的构造应力作用下产生的第一构造序次的产物。

ⅱ 断层亦为张性正断层(纵张断层)

作断层面的法线 P,为 σ_3 的投影;擦痕 G,为 σ_1 的投影;在大圆 AGB 上由 G 点数 $90°$,得 C 点,连 CO,为 σ_2 的投影,如图 3-53(b)。

断层的这种应力场特征,说明它是一个纵张断层,通常是属于背斜核部次一级应力场产生的第二构造序次的产物。

ⅲ 断层为一剪切断层,亦即一个俯冲断层,如同上一例题(图 3-51)的图解那样,它的应力场特征则如图 3-53(c)。

上面两个例题说明,利用赤平极射投影方法进行断层形成的应力场的图解分析,可以方便地得出三个主应力轴的空间方向,这是其他分析方法比较难于做到的。但是必须在野外根据断层的各种特征,对其力学性质作出正确判断,并在对其形成的应力场特征有一个初步分析的基础上,图解才能正确。否则,也可能会图解出错误的结果。

3.5.4 地质构造分析

1) 褶曲轴和轴面产状的测定

(1) 已知褶曲两翼产状,求褶曲轴线方向和轴面产状

图 3-54 为一倾伏背斜两翼产状的投影,一翼为大圆 AIB,其产状为 $N35°E/NW\angle30°$,另一翼为大圆 EIW,其产状为 $EW/S\angle50°$。两个大圆的交点为 I,即为褶曲轴的投影,由图读得其产状为倾伏向 $S70°W$,倾伏角 $20°$,按基本作图法 3),作 IO 的垂直平面为 MN 大圆,它与 AIB 和 EIW 大圆分别相交于 M、N 点,平分 MN 弧段,得 Q 点,过 I、Q 两点作一大圆 $GIQH$,为 AIB 和 EIW 两平面的夹角等分面,即所求作褶曲轴面的投影,由图读得产状为 $N68°E/NW\angle80°$。

若已知褶曲为一倾伏向斜,其褶曲轴和轴面产状的图解方法和结果亦同。

(2) 已知层面产状和层面上擦痕的方向,求褶曲轴的方向

当岩层发生褶曲隆起时,岩层与岩层之间沿层面发生相对错动。若岩层未发生倒转,则上层者向上部(背斜顶部)滑移,下层者向下部(向斜底部)滑移[图 3-55(a)]。因此,在层面上常可见擦痕。层面上的擦痕必定与褶曲轴垂直,并且其方位(投影方位)必定平行于最大主应力的方位(投影方位)。也就是说,擦痕与最大主压应力(σ_1)必定在垂直于层面的同一平面上,如图 3-55(b),P 面为包括主应力 σ_1 和擦痕的平面,它与层面互相垂直。因此,根据岩层产状和层面上擦痕的方向,就可以确定褶曲轴的方向。在野外测绘中,如果层面上的擦痕垂直于岩层的走向,则层面的走向就是褶曲轴的方向,即褶曲轴呈水平位置。如果擦痕与岩层的走向不垂直,则褶曲必定是倾伏褶曲。这时,褶曲轴的方向须用赤平极射投影方法来确定。

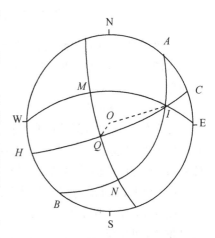

图 3-54 褶曲轴线和轴面的图解

图 3-56 表示已知层面产状和层面上擦痕的方向,求褶曲轴方向的图解方法。大圆 AGB 为岩层层面,G 点为层面上的擦痕投影。首先作层面的极点 P,然后经过 G 点和 P 点作一平面,为大圆 $NGPS$。这是一个包括擦痕并垂直于层面的平面,即图 3-55 中的 P 面。当褶曲轴为水平时,$NGPS$ 必定是一个直立平面。因此,若将 $NGPS$ 平面以其走向线为旋转轴转至直立,成为 NOS 大圆时,则它的法线即 EW 线即为褶曲轴。若再恢复 NOS 大圆为 $NGPS$ 大圆,则 E 点也相应移动相同角度,而移至 T 点。T,即为求作之褶曲轴的投影,也就是说,$NGPS$ 平面的法线就是褶曲轴。因此,褶曲轴可以由直接作 $NGPS$ 平面的法线 T 而求得。显然,T 点也必然在层面的投影大圆 AGB 上。

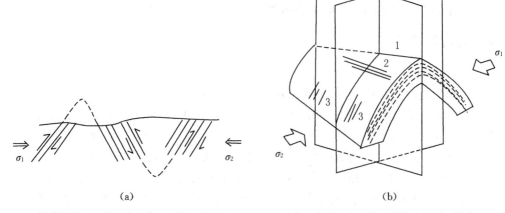

1—褶曲轴线;2—岩层走向线;3—擦痕;P面—包括最大主应力 σ_1 作用方向和擦痕的平面;V面—褶曲轴面

图 3-55　褶曲轴线与岩层走向、擦痕方向的关系

如果根据层面上的擦痕必定与褶曲轴垂直,以及褶曲轴必定在层面上的道理,在层面的投影大圆 AGB 上由 G 点取 GT 弧段等于 $90°$,T 点,即得褶曲轴的投影(图 3-56),则图解更为简单。

2) 断层产状的测定

在野外工程地质测绘中常常因各种原因,例如,由于覆盖、断层破碎带很宽,没有明显的断层面或断层镜面等原因,不能直接测出断层的产状,尤其是断层的倾向和倾角经常不易直接测得,下面是根据某些已知条件,应用赤平极射投影图解断层产状的几个方法。

(1) 已知断层走向方位及其在某一露头剖面上出露的斜角,求其倾向和倾角

图 3-57 中大圆 APB 为露头剖面,其产状为 $N50°E/SE\angle 60°$。P 为断层在露头剖面上的出露线,即断层与露头剖面的交线,其斜角(PO 与露头剖面走向线的交角)AP 弧段等于 $65°$,已知断层的走向线为 EW,求其倾向和倾角的方法如下。

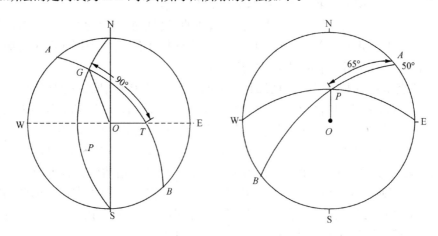

图 3-56　褶曲轴的图解　　　　**图 3-57　断层倾向倾角的图解**

按基本作图法 5),过 E、P、W 三点作一大圆 EPW,即为断层面的投影,读得其倾向 S,

倾角等于 52°。

（2）已知断层走向及断层两侧岩层的产状，求断层的倾向和倾角

断层以其两侧岩层位移的轨迹划分，可有两种类型：一类是直线位移的；另一类是弧线位移的，如图 3-58。属直线位移者，断层两侧岩层的产状保持不变，彼此走向平行，倾向和倾角也一致[图 3-58（a）]；属弧线位移者，断层两侧的岩层以断层面为界发生了旋转，因而走向不再平行，倾向和倾角也不再相等[图 3-58（b）]。

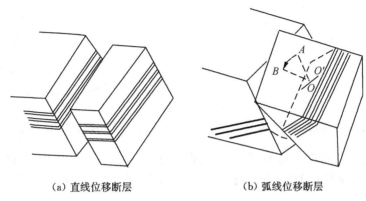

（a）直线位移断层　　　　　　（b）弧线位移断层

图 3-58　直线位移断层和弧线位移断层

在野外测绘中，经常可以测得断层的走向和断层两侧岩层的产状，而不知断层的倾向和倾角。在这种情况下，对于直线位移型断层，由于断层两侧岩层的产状完全一致，其倾向和倾角只有通过勘探，揭露断层面后才能测得，对于弧线位移型断层，则可应用赤平极射投影方法将其倾向和倾角求出。就自然界的实际情况而言，多数断层都属于弧线位移断层，直线位移断层则比较少见。

现设一弧线位移断层，已知其两侧岩层的极点为图 3-59 中的 A 和 B，若已知断层的走向为 SN，求其倾向和倾角。图解的方法如下：

ⅰ 已知断层的走向为 SN，那么它的极点必然在投影图的 EW 线上。因此，首先作出 EW 线。

ⅱ 由图 3-58（b）可知，弧线位移断层发生时，断层两侧的岩层以断面为界发生了相对旋转，也就是岩层层面以断层面的法线为旋转轴发生了旋转，或层面的法线以断层面的法线为旋转轴发生了旋转。如图 3-58（b），假定断层发生时，下盘岩层不动，只是上盘岩层绕断层面的法线 OO' 发生了旋转，层面的法线由 A 点转至 B 点。

根据基本作图法 12）（图 3-27）的原理，一平面绕一倾斜轴旋转时，它的极点的移动轨迹为以旋转轴为中心的一个小圆。因此，在图 3-59 中，设 A 点为未发生旋转的岩层的极点，则 B 点为岩层以断层面的法线为旋转轴旋转某一角度之后的极点，A、B 两点必然在同一小圆上。这个小圆的中心就是断层面的极点。据此，按照与基本作图法 14）相同的原理，连接直线 AB，并作 AB 的垂直等分线，与 EW 线相交于 Q 点，以 Q 点为圆心，以 $QA(=QB)$ 为半径绘一小圆 $ABKT$，与 EW 线相交于 K、T 两点，这个小圆就是岩层的极点绕断层面的法线旋转的轨迹。

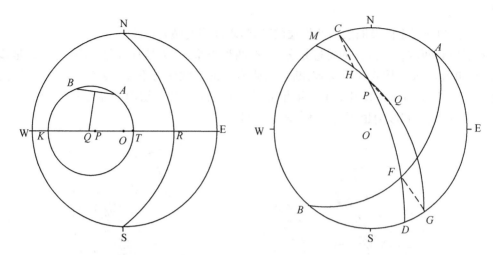

图 3-59 弧线位移断层倾向、倾角的图解　　**图 3-60 新地层沉积时老地层产状的图解**

ⅲ小圆 $ABKT$ 的直径为直线 KT，读得等于 $92°$，平分 KT 为 $46°$，得 P 点，为小圆 $ABKT$ 的中心，即断层面的极点。由极点 P 作出断层面的投影大圆为 NRS，读得其倾向为 W，倾角等于 $34°$。

3）新老地层呈不整合接触，求新地层沉积时老地层的产状

图 3-60 中 AFB 大圆为新地层产状的投影。CPD 大圆为老地层产状的投影。在新地层沉积时，沉积面必定是一个水平面或近于水平的平面。因此，按基本作图法 11），以新地层的走向线为旋转轴，将新地层转至水平位置。相应地，老地层也绕新地层的走向线旋转相同的角度，如图中 F 点移至 G 点，P 点移至 Q 点，C 点移至 H 点。由 Q、G、H 三点作一大圆 $MHQG$，为老地层旋转后的投影，即新地层沉积时老地层的产状。

第四章 实体比例投影原理及作图方法

4.1 实体比例投影的概念

岩体工程地质力学研究的一个重要内容,是研究岩体中结构面的形成和组合规律,确定由结构面和工程开挖面(临空面)组合构成的结构体,以及结构体在自重力和工程力作用下的稳定性。对于结构面的性质、产状、发育程度,以及它们在工程岩体中的出露分布位置,可以在野外实地进行观测、分析和归纳,对于各结构面之间,以及结构面和临空面之间的组合切割和角距关系,或结构体的基本几何形状,可以在结构面和临空面的赤平极射投影图上,作出分析和判读,但是赤平极射投影只表示平面、直线的空间方向和它们之间的角距关系,并不涉及平面的大小和直线的长短,以及它们的具体分布位置。

在岩体结构和岩体稳定分析中,赤平极射投影方法不能得出结构体的规模大小和结构体在工程中的具体出露部位,不能反映工程作用力和结构面的抗剪强度大小等。而这些数据在对岩体进行精确的稳定分析时是不可缺少的,但只要把赤平极射投影方法与实体比例投影方法结合起来,就可以解决这些问题。

实体比例投影与赤平极射投影相结合,可以通过作图的方法求出结构体在工程岩体中的具体分布位置,它的几何形状、体积和重量,确定滑动方向、滑动面及其面积;也可以用于进行空间共点力系的合成和分解,对结构体在自重力和工程力作用下的稳定性进行分析计算等。

实体比例投影是研究直线、平面(结构面)以及由平面围成的块体(结构体),在一定比例尺的平面图上,构成影像的规律和作图的一种图解方法。它应用正投影(垂直投影)的原理和方法,并与赤平极射投影图相配合,根据野外填图或地质剖面素描实测的结构面产状和分布位置,通过作图,求出结构面的组合交线、组合的平面(结构面)以及由组合的平面和直线所围成结构体的几何形状、规模、分布位置和方向等,并且完全将立体的三维空间表示转变为平面的二维空间表示。

正投影主要应用于机械制图学,将机械零件的几何形状在各个投影面上投影,投影图要求严格反映机械零件的面和线的尺寸大小,但不严格要求反映面和线的实际空间方向。

实体比例投影与正投影不同,它主要是根据结构面在水平投影面上的投影,求出其组合的实体(结构体)。投影图除了要求反映结构体的面和线的尺寸大小之外,还要求严格反映结构体的面和线的实际空间方向,包括面的走向、倾向、倾角和线的倾向、倾角。例如,一个作用于岩体上的作用力,除了应表示出其大小之外,还应表示出其作用方向。对于一个滑动面,为了计算其抗剪强度,也必须同时知道它的面积大小,以及它的倾斜方位和倾角,也就是说,实体比例投影既有尺寸大小的概念,又有方向的概念。

实体比例投影的作图和表示方法与普通正投影有所不同,它具有方向概念。例如,一个岩层层面的实体比例投影用层面与水平投影面的交线(即层面的走向线),显然在实体比例投影图上,只表示了层面的走向方位,还未能将层面的倾向方位和倾角大小表示出来。因此,需要有层面的赤平极射投影图与之配合,用它来表示和测读层面的倾向和倾角。

同样,对于一个由几个结构面组合构成的结构体的实体比例投影图,也需要配合结构面的赤平极射投影图来测读结构体的各个面的走向、倾向和倾角以及结构体的各个棱线的倾向和倾角。此外,也正是借助于赤平极射投影图所表示的结构面走向方位和它们的组合交线的倾向方位,才使结构体实体比例投影的作图变得十分方便。因此,更确切地说,实体比例投影方法乃是一种赤平极射投影实体比例投影方法。

作空间上的点、平面、直线的实体比例投影的投影平面一般为水平面。在实际作图时,它常是通过结构面实测点高程的一个水平面,或直接代表工程岩体的水平临空面,如地基的地表面,地下洞室的洞顶面等。

在有些情况下,工程岩体的临空面不呈水平位置,如洞壁面为直立平面、边坡面为倾斜平面,为了作图方便,也常将这些临空面以其走向线为旋转轴转至水平位置,然后再作出结构体在它上面的实体比例投影。

采用水平面作为实体比例投影的投影平面,好处在于它与赤平极射投影的投影平面一致,因而在作实体比例投影图时,只要选取其方位表示与赤平极射投影图的方位表示一致,通过实体比例投影图上的已知点(如结构面的实测点),作赤平极射投影图上与之相应的直线(如结构面的走向线、结构面组合交线等)的平行线即可,作图过程非常简单。

4.2 直线的实体比例投影

已知空间任意一直线 OA,倾向 W,倾角 α,长度为 l,如图 4-1(a)(此图为通过直线 OA 的垂直剖面图),求作实体比例投影。作图步骤如下:

(1) 根据直线 OA 的倾向和倾角,作赤平极射投影图,如图 4-1(b)。

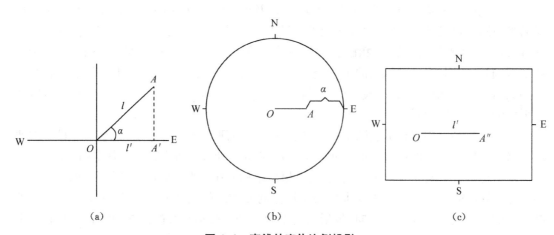

(a)　　　　　　　(b)　　　　　　　(c)

图 4-1　直线的实体比例投影

（2）通过直线 OA 的端点 O（或 A）作一水平面为投影平面，如图 4-1(c)，其方位表示与赤平极射投影图相同。过 O 点作一直线 OA'' 平行于赤平极射投影图上的 OA，并取其长度等于图 4-1(a)中的 OA'（为 l'），OA'' 即为已知直线 OA 的实体比例投影［这里，取图 4-1(c)的作图比例尺与图 4-1(a)相同］。

由图 4-1(a)可见，$OA=OA'/\cos\alpha$，即：

$$I = \frac{I'}{\cos\alpha} \tag{4-1}$$

式中：l 为已知直线的实际长度；

$\quad\quad$ l' 为已知直线的实体比例投影长度；

$\quad\quad$ α 为已知直线的倾角。

空间任意直线的实际长度等于实体比例投影长度与倾角的余弦之比。在岩体结构分析中，经常是先知道空间直线的实体比例投影的长度（在实体比例投影图上根据作图比例尺直接量出）及其倾角（在赤平极射投影图上读出），反求直线的实际长度。

4.3　结构面的实体比例投影

例：已知一岩层层面 F，求作实体比例投影。

在图 4-2 中已作出了一个平面（层面）的实体比例投影，它的作图步骤如下：

（1）根据层面的产状［图 4-2(a)］作其赤平极射投影图，为图 4-2(b)。

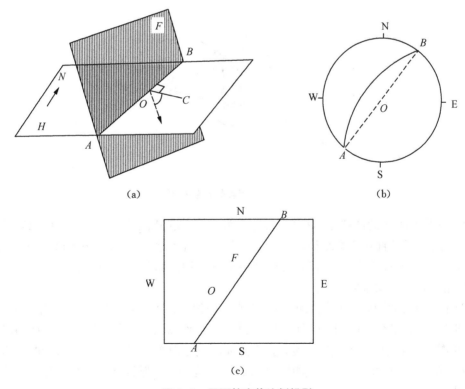

（a）　　　　　　　　　　　　（b）

（c）

图 4-2　平面的实体比例投影

（2）通过层面的实测点 O 作一水平面，为投影平面，其方位表示与赤平极射投影图相同，如图 4-2(c)。过 O 点作一直线 $A'B'$ 平行于赤平极射投影图上层面的走向线 AB，$A'B'$ 即为层面的实体比例投影。

由于层面在这里没有限定的大小，因而其实体比例投影不是一个限定大小的平面，而是一条没有限定长度的直线。

现设空间一倾斜平面 F，被 EW 直立平面、SN 直立平面和水平面切割成一个三角形平面 ABC，如图 4-3(c)，已知倾斜平面的产状和 AB 的长度，求作三角形平面 ABC 的实体比例投影。作图步骤如下：

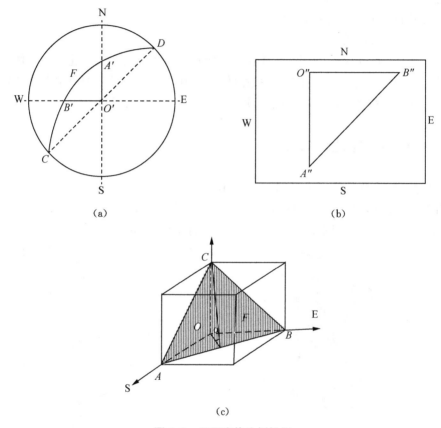

图 4-3　平面实体比例投影

（1）根据平面 F 的产状作赤平极射投影，为 $A'B'$ 大圆[图 4-3(a)]。图中 EW 大圆和 SN 大圆，代表 EW 直立切割面和 SN 直立切割面，水平切割面即为赤道大圆本身。由赤平极射投影图得出平面 F 与 EW 直立切割面、SN 直立切割面和水平切割面的交线分别为 $B'O'$、$A'O'$ 和平面 F 的走向线 CD。

（2）作一水平面，代表投影平面同时代表水平切割面。在此平面上，作一直线 $A''B''$ 平行于赤平极射投影图[图 4-3(a)]上 F 平面的走向线 CD，按作图比例画出 $A''B''$[图 4-3(b)]，其实际长度等于图 4-3(c)中的 AB 实际长度，过 A'' 点和 B'' 点分别作 $A''O''$ 和 $B''O''$ 平行于图 4-3(a)中的 $A'O'$ 和 $B'O'$，两者相交于 O'' 点，构成三角 $A''B''O''$，这个三角形就是三角形平面 ABC 的实体比例投影。

同样,由图4-3(c)可见,实体三角形平面ABC的面积等于其在水平面上的投影(即实体比例投影)三角形ABO(即$A''B''O'$)的面积与倾角的余弦之比,即

$$\triangle ABC = \triangle ABO/\cos\alpha = \triangle A''B''O''/\cos\alpha \qquad (4\text{-}2)$$

公式(4-2)可以推广到空间任意形状的平面的面积与其实体比例投影的面积的关系中去即

$$S = S'/\cos\alpha \qquad (4\text{-}3)$$

式中:S为已知空间任意形状的平面的实际面积;

　　S'为已知平面的实体比例投影的面积;

　　α为已知平面的倾角。

因此,在岩体结构分析和岩体稳定分析中,根据结构面的产状和它们的组合切割关系,按照实际出露位置作出实体比例投影图后,就可以根据投影图求出结构体的各个面的实际面积,求出结构体的体积和重量,进行稳定性的分析计算。

4.4　结构体的实体比例投影

在岩体结构和岩体稳定分析中,经常是对由结构面和临空面组合切割构成的具体结构体的稳定性进行分析计算。在各种不同几何形状的结构体中,由三个已知结构面和一个临空面或由两个已知结构面和两个临空面组成的四面体(或四面锥体)比较常见,并且这种几何形状的结构体比较容易用赤平极射投影和实体比例投影方法作出图解。因此,这里仅介绍四面锥体实体比例投影图解的基本方法。

工程岩体中,临空面有坝基岩体的临空面为水平临空面;地下洞室的洞顶面在作图分析时也常近似地视为水平临空面;地下洞室或大型基坑的边墙面为直立临空面;铁路、公路边坡面和露天采矿场边坡面为倾斜临空面。临空面的产状不同,结构体的实体比例投影的作图方法也略有不同。

4.4.1　临空面为水平面的实体比例投影

工程岩体的临空面为水平面时,即以临空面作为作实体比例投影图的投影平面,坝基岩体中的结构体位于投影平面(临空面)的下面,洞室拱顶上的结构体位于投影平面的上面。它们的实体比例投影的作图方法分别说明如下。

4.4.1.1　坝基岩体中结构体的实体比例投影

在坝基岩体的一条勘测线上,分别在m、n、k三点上测得结构面1-1、2-2、3-3三条结构面,它们在坝基表面上的相对位置如图4-4(a)。结构面的产状列于表4-1,根据这些资料,求作由此三条结构面组合切割构成的结构体的实体比例投影,并求出结构体的体积和各个面的面积,图解步骤如下:

1) 作结构面的赤平极射投影图,如图4-4(b)。三条结构面的赤平极射投影分别为大圆1-1、大圆2-2和大圆3-3,它们相交于A、B、C三点。连接AO、BO、CO,为三结构面间的组合交线。

表 4-1　结构面产状列表

结构面	走向	倾向	倾角
1-1	N40°E	NW	50°
2-2	N20°W	NE	40°
3-3	N80°W	SW	60°

2）作结构体的实体比例投影图。首先,作一水平面为投影平面,它同时代表坝基表面,其方位表示与赤平极射投影图一致,如图 4-4(c)标出勘测线和结构面的实测点 m、n、k。过 m、n、k 三点分别作图 4-4(b)中结构面 1-1、2-2、3-3 的走向线的平行线,它们相交于 A'、B'、C' 三点,构成三角形 $A'B'C'$。这就是由 1-1、2-2、3-3 三条结构面构成的结构体在坝基表面上出露的实际位置和几何形状。然后,过 A'、B'、C' 三点,分别作图 4-4(b)中结构面组合交线 AO、BO、CO 的平行线,三者相交于 O' 点。$A'B'C'O'$ 即为三个结构面和坝基表面组合构成的结构体的实体比例投影。

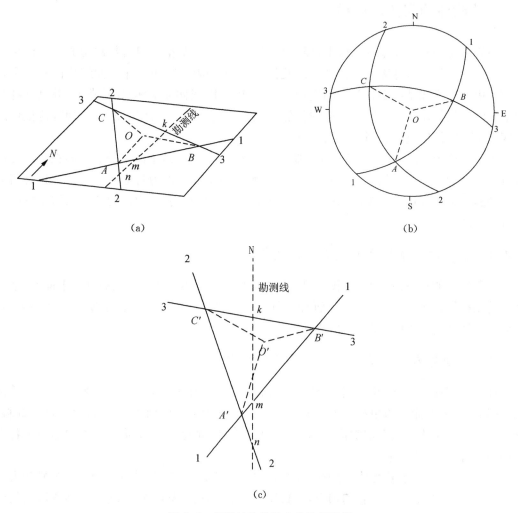

(a)　　　　　　　　　　(b)

(c)

图 4-4　坝基结构体的实体比例投影

结构体是一个四面体,根据实体比例投影图可以求出它的体积和各个面的面积。若视三角形 $A'B'C'$ 为结构体的底面,则该结构体为以 O' 为顶点的一个倒锥体,它的体积:

$$V = \triangle A'B'C' \cdot h/3 \tag{4-4}$$

式中 $\triangle A'B'C'$ 为锥体底面三角形 $A'B'C'$ 的面积,由于投影平面与坝基表面一致,因此,在实体比例投影图上根据作图比例尺直接量出的三角形 $A'B'C'$ 的面积即为其实际面积,h 为锥体以 O' 为顶点的高度,它可以由垂直投影关系求出:

$$h = A'O' \mathrm{tg}\alpha_A$$
$$h = B'O' \mathrm{tg}\alpha_B$$
$$h = C'O' \mathrm{tg}\alpha_C \tag{4-5}$$

式中 $A'O'$ 或 $B'O'$、$C'O'$ 的长度由实体比例投影图上根据作图比例尺直接量出。α_A、α_B、α_C 为结构面组合交线 AO、BO、CO 的倾角,可在赤平极射投影图上读出。

结构体的各个面的实际面积可以根据公式(4-3)求出,即

$$\triangle ABO = \triangle A'B'O'/\cos\alpha_1$$
$$\triangle ACO = \triangle A'C'O'/\cos\alpha_2$$
$$\triangle BCO = \triangle B'C'O'/\cos\alpha_3$$

式中 α_1、α_2、α_3 分别为结构面 1-1、2-2、3-3 的倾角。

如设结构面实测点间的距离 $nm = 10$ m,$mk = 20$ m,则求得结构体的体积和各个面的面积如下:

结构体的体积:$V = 931.5$ m³

结构体各个面的面积:

$$\triangle ABO = 77.5 \text{ m}^2$$
$$\triangle ACO = 94.0 \text{ m}^2$$
$$\triangle BCO = 54.0 \text{ m}^2$$

4.4.1.2　地下洞室拱顶岩体结构体的实体比例投影

在地下洞室洞顶的一条勘测线上,分别在 m、n、k 三点测得三条结构面,结构面的分布情况如图 4-5(a)。求作此三结构面和洞顶面(假设为水平面)在洞顶上组合构成的结构体实体比例投影。作图步骤如下:

1) 根据结构面的产状作出它的赤平极射投影图,并作出它们的组合交线,如图 4-5(b)。

2) 作一水平面为投影平面,它同时代表洞顶平面,标出勘测线和结构面实测点 m、n、k 的位置[图 4-5(c)]。首先,过 m、n、k 三点分别作相应的结构面的走向线,三者分别相交于 A'、B'、C' 三点,构成三角形 $A'B'C'$,它就是该结构体在洞顶面上的实际出露位置和几个图形。然后,过 A'、B'、C' 三点分别作图[4-5(b)]中结构面组合交线 AO、BO、CO 的平行线,三者相交于一点 O'。$A'B'C'O'$ 即为所求作结构体的实体比例投影。按作图比例尺和图 4-4 的方法就可以求出结构体的体积和各个面的面积。

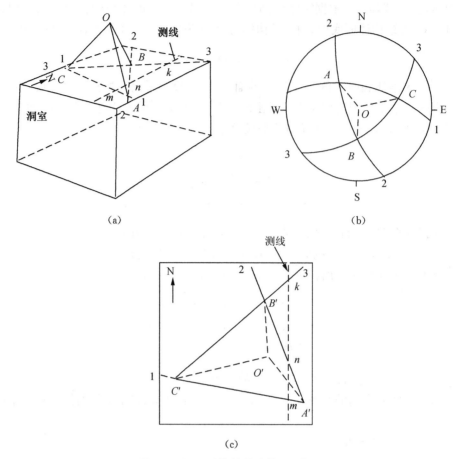

（a）

（b）

（c）

图4-5 洞顶结构体的实体比例投影

对比一下图4-4和图4-5可以发现，当结构体位于投影平面（临空面）下面时（图4-4），各结构面在赤平极射投影图上的位置关系和在实体比例投影图上的位置关系相同，即在赤平极射投影图上位于左侧的结构面在实体比例投影图上仍在左侧，在右侧者仍在右侧，在上方者仍在上方，它们的位置关系保持不变。当结构体在投影平面（临空面）的上面时，各结构面在赤平极射投影图上的位置和在实体比例投影图上的位置关系正好颠倒。如图4-5，结构体位于洞顶平面上面，因而在赤平极射投影图上位于左侧的结构面，在实体比例投影图上则变成位于右侧，位于右侧者则变成位于左侧，位于上方者则变成位于下方，结构面在两种投影图上的这种位置关系的异同，是由我们采用上半球赤平极射投影方法所决定的，根据这一关系，按照结构面的产状和出露位置，作出它们的赤平极射投影图和实体比例投影图后，就可以很容易判断出结构体是位于临空面一侧，或是位于岩体一侧。这对于判断结构面是否在工程岩体中构成可能不稳定体是很重要的，在作结构体的实体比例投影图时也必须注意这一点。因为只有位于岩体一侧的结构体才有可能构成不稳定体，位于临空面一侧的结构体实际是不存在的。

4.4.2　临空面为直立平面的实体比例投影

4.4.2.1　地下洞室洞壁岩体结构体的实体比例投影

工程岩体的临空面为直立平面(如洞壁面)时,结构体位于临空面的左侧或右侧,由于直立平面在水平投影面上的垂直投影为一直线,位于直立平面上的所有直线投影均与该平面的投影重合。因此,如果作结构体在水平投影面上的实体比例投影,则结构体与临空面重合的那个面的几何图形就不便观察和量度。因此,在实际作图时,往往是将临空面以其走向线为旋转轴转至水平位置(所有结构面亦随之绕同一旋转轴旋转90°),得到以临空面为投影平面的结构面赤平极射投影图,然后再按照上一小节的作图方法作出结构体在临空面上的实体比例投影。

例如,在某一地下洞室左洞壁(走向 SN)的一条测线上测得三条结构面1-1、2-2和3-3,实测点分别为 m 、 n 、 k ,求作结构面在左洞壁上构成的结构体的实体比例投影。作图步骤如下:

Ⅰ 作结构面和洞壁面的赤平极射投影图,如图4-6(a)。三结构面的投影分别为大圆1-1、2-2和3-3,直径 NOS 为洞壁面的投影。

Ⅱ 将洞壁面以其走向线为旋转轴,由直立转至水平产状,各结构面亦随之旋转90°,得出各结构面在洞壁面上的赤平极射投影图。洞壁面可以向右旋转90°,变为水平,也可以向左旋转90°,变为水平。当洞壁面向右转至水平产状时,岩体在洞壁面(投影平面)的上方。洞壁面向左转至水平产状时,岩体位于洞壁面的下方。图4-6(b)为洞壁面向左旋转至水平产状时,结构面在洞壁面上的赤平极射投影图。

Ⅲ 根据图4-6(b)和结构面的实测点,即可作出结构体在洞壁面上的实体比例投影图,如图4-6(c)。

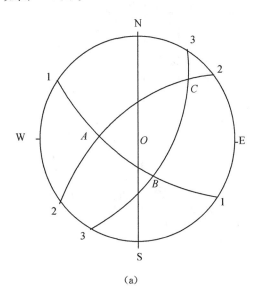

(a)

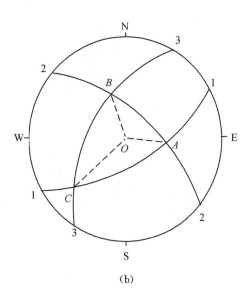

(b)

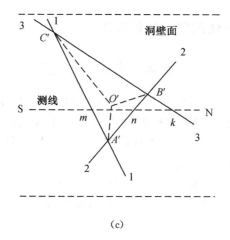

(c)

图 4-6　洞壁结构体的实体比例投影

4.4.2.2　基坑边壁岩体结构体的实体比例投影

1）自重作用下基坑边壁内岩体四面锥体

假定人站在基坑内，让基坑某边壁位于人的左侧，则基坑的这一边壁称为左壁。如图 4-7(a)所示，左壁面是一直立边壁，它的赤平极射投影与基坑平面图边线 TT 重合，三个结构面的赤平极射投影分别为大圆 1、2、3，它们所切割出的不稳定体是个四面锥体。

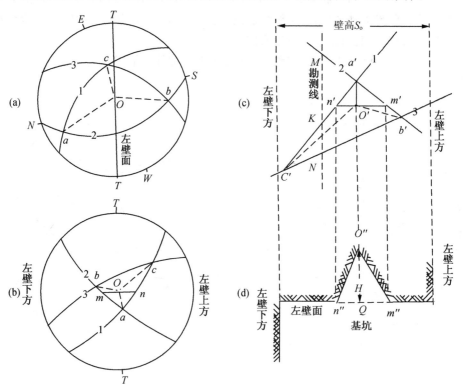

图 4-7　基坑边壁岩体结构体的实体比例投影

按照赤平极射投影基本作图法,使图 4-7(a)中各结构面(含左壁面)均绕 TT 向右旋转 90°,并作旋转后的赤平极射投影[图 4-7(b)],其中左壁面的赤平极射投影已与基圆重合。

作各结构面的实体比例投影[图 4-7(c)],由结构面在勘测线上的出露点为 K、M、N,可作出左壁面与结构面的交线 1、2、3,三条交线构成的 $\triangle a'b'o'$ 则为锥体底面积,锥体的三个侧面的实际面积可根据 $\triangle a'b'o'$、$\triangle b'c'o'$ 和 $\triangle c'a'o'$ 的面积由公式(4-3)求得。

最后在图 4-7(c)的下方作一过锥体顶点 O' 且与锥体底面垂直的剖面图,求出锥体高度 H[图 4-7(d)]。在此基础上即可求得四面锥体的体积。

2) 自重作用下基坑边壁拐角处四面锥体

在基坑开挖过程中,还有一种不可忽视的不稳定的四面锥体,即边壁拐角处的不稳定体。

假定三个结构面将左壁与壁端之拐角处切出一个不稳定的四面锥体,则其体积的图解步骤如下:

(1) 首先将结构面和左壁面的赤平极射投影绕基坑左边线 TT 向右转 90°。然后再绕与 TT 线垂直的水平轴线 tt 转到一倾斜平面上,此倾斜平面由端壁与右边壁的交线和左边壁上一条竖直线所构成,其倾角为 g。三条结构面在该倾斜平面上的赤平极射投影如图 4-8 (a)所示。

(2) 作结构面的实体比例投影图[图 4-9(b)]。勘测线上的出露点为 K、M、N,三个结构面与倾斜平面的交线为 1、2、3,三条交线构成锥体底面积。

(3) 在图 4-8(b)的下方作一过锥体顶点 O' 且与锥体底面垂直的剖面图[图 4-8(c)],求出锥体高度 H 和已挖去的高度 h。可由锥体底面 $\triangle a'b'c'$ 的面积及 H、h 求得不稳定体的体积。

不稳定体的滑移面及其面积,可近似地按边壁不稳定体的图解方法求解。

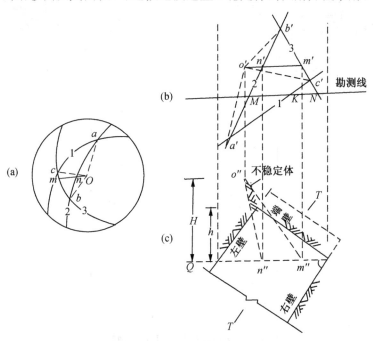

图 4-8 边壁拐角处岩体结构体的实体比例投影

4.4.3 临空面为倾斜平面的实体比例投影

4.4.3.1 平顶边坡岩体结构体

工程岩体的临空面为倾斜产状时,岩体位于临空面的下盘,由于倾斜临空面的几何形状能够在水平投影面上表示出来。因此,对于临空面为倾斜平面的结构体的实体比例投影,可以在水平投影面上作出(这时投影平面不是结构体的一个面),也可以将临空面转至水平产状,然后再作出结构体在临空面上的实体比例投影(这时结构体的一个面为投影平面)。

图 4-9 表示一平顶边坡上的结构体 KMLO 在水平投影面上的实体比例投影的作图方法。该结构体由边坡面、坡顶面和两个结构面 AB、CD 组成,图 4-9(a)为边坡的立体透视图,图 4-9(b)为结构面和边坡面以及它们的组合交线的赤平极射投影图。图 4-9(c)为结构体的实体比例投影图。其作图方法如下:

1) 作一水平面为投影平面,标出坡顶线 SN 和结构面 AB、CD 的实测点 K′和 L′。坡顶线左侧代表边坡面的投影,右侧代表坡顶面的投影[图 4-9(c)]。

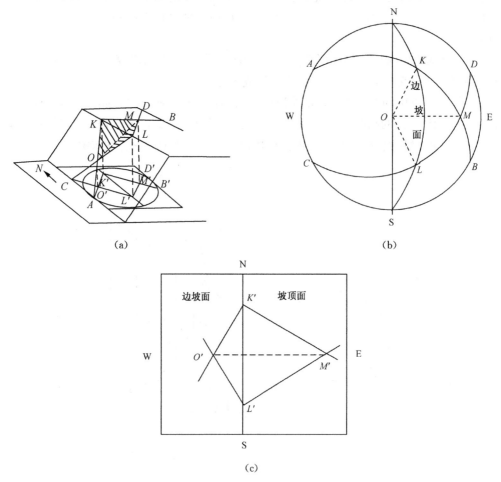

(a)   (b)

(c)

图 4-9 边坡结构体的实体比例投影

2) 在坡顶面一侧,过 K'、L' 两点分别作结构面 AB、CD 的走向线的平行线,二者相交于 M' 点。在边坡面一侧,过 K'、L' 两点分别作结构面和边坡面的交线 KO、LO 的平行线,二者相交于 O' 点,连 $M'O'$,$K'M'L'O'$ 即为结构体 $KMLO$ 在水平投影面上的实体比例投影。

同样,根据垂直投影原理,可由实体比例投影图求出结构体的体积:

$$V = \triangle K'M'L' \cdot h/3$$

式中:h 为结构体顶点 O 至坡顶面的高度,按照公式(4-5),$h = M'O' \cdot \mathrm{tg}\alpha_M$($\alpha_M$ 为两结构面的组合交线 $M'O'$ 的倾角,由赤平极射投影图上读出),结构体各个面的面积可由公式(4-3)求出。

4.4.3.2 斜顶边坡岩体结构体

斜顶边坡是一种坡顶面为倾斜平面的边坡,其分为下部的人工边坡和上部的自然边坡两部分,它代表了大部分在自然边坡上进行开挖的人工边坡剖面,斜顶边坡的实体比例投影图作图方法如下:

1) 作赤平极射投影图,图 4-10 为边坡面、坡顶面和两个结构面的赤平极射投影图。$DKND$ 大圆为边坡面,其倾角为 α,DN_1K_1D 大圆为坡顶面,它的倾角为 β,AN_1MNA 大圆为结构面 AA,BK_1MKB 大圆为结构面 BB,它们的倾角分别为 α_A 和 α_B,它们的组合交线为 MO,KO 和 NO 为两结构面与边坡面的交线。K_1O 和 N_1O 为两结构面与坡顶面的交线。

2) 作实体比例投影图。首先,作边坡在水平面上的垂直投影,如图 4-10(b)。图上中间的一条直线 DD 代表边坡面与坡顶面的交线,左半部代表边坡面 n,右半部代表坡顶面。直线 CF 与 DD 的距离按作图比例尺等 F 坡脚线与坡顶线的实际水平距离。

然后,作两结构面的组合交线和结构面与边坡面和坡顶面的交线在水平面上的垂直投影,设边坡脚上 C、F 两点分别为结构面 AA 和 BB 的实测出露位置、在边坡面的一侧,过 C 点作一直线平行于图 4-10(a)中的 NO,它与 DD 线相交于 N' 点。过 F 点作一直线平行于图 4-10(a)中的 KO,它与 DD 线相交于 K' 点,并与 CN' 相交于 O' 点,在坡顶面一侧,过 N' 和 K' 两点分别作图 4-10(a)中 N_1O 和 K_1O 的平行线,两直线相交于 M' 点,连 $M'O'$,为两结构面的组合交线在水平面上的垂直投影,$M'N'O'K'$ 即为由结构面 AA、BB 和边坡面、坡顶面组合构成的结构体在水平面上的垂直投影,即该结构体的实体比例投影。

3) 作边坡剖面图(侧视图)。根据边坡的坡角和高度作一垂直于边坡走向的剖面,将图 4-10(b)中的 M' 和 O' 两点投影到剖面图上,得 M'',O'' 两点,如图 4-10(c)。联 $M'O''$,为两结构面的组合交线在部面上的投影,它与水平面的夹角为 γ(这个角度不代表组合交线的真实倾角)。于是,得出了边坡的侧视剖面图,如图 4-10(c)。根据这个剖面图,可以对边坡的稳定条件作出初步判断。显然,这个边坡处于可能不稳定状态。

若要根据剖面图进行边坡的稳定分析计算。则应通过两结构面的组合交线 $M'O'$(它控制结构体的滑动方向)作垂直剖面,将 M' 和 O' 两点投影到该剖面上,如图 4-10(d)。剖面图上的 $M'O''$ 才反映的是两结构面组合交线的真实长度和倾角。

4) 求结构体的体积和滑动面的面积。在对边坡岩体进行稳定分析计算时,需要首先求出可能不稳定结构体的体积和滑动面的面积,以便求得滑动力和结构面的抗滑力等,这些数据,在边坡实体比例投影图上都不难获得。

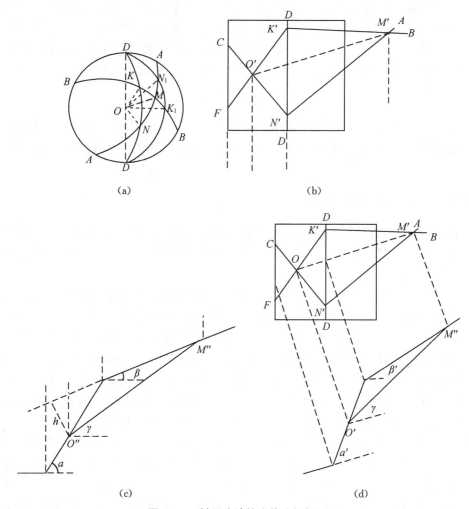

(a)　　　　　　　　　(b)

(c)　　　　　　　　　(d)

图 4-10　斜顶边坡的实体比例投影

Ⅰ结构体的体积

图 4-10 中结构体 $K'M'N'O'$ 为四面体,可以把它看作是一个以三角形 $K'M'N'$ 为底面,以 O' 为顶点的倒锥体。因此,它的体积:

$$V = \frac{1}{3}h \cdot \triangle K'M'N'/\cos\beta \tag{4-6}$$

式中:$K'M'N'O'$结构体底面投影三角形 $K'M'N'$ 的面积,可利用作图比例尺由图上直接量出。

　　h:结构体顶点 O' 至底面的高度。在图 4-10(c)中,过 O' 点作坡顶线的垂线,其长度即为 h;

　　β:坡顶面的倾角。

Ⅱ滑动面面积

图 4-10 中的结构体 $K'M'N'O'$,在自重作用下为一双滑面块体。它滑动时,将同时沿结构面 AA 和 BB 滑动,在实体比例投影图上[图 4-10(b)],滑动面为三角形 $N'M'O'$ 和三角

形 $K'M'O'$，它们的实际面积 $\triangle NMO$ 和 $\triangle KMO$，可以根据其投影面积 $\triangle N'M'O'$ 和 $\triangle K'M'O'$ 按公式(4-3)求出：

$$\triangle NMO = \triangle N'M'O'/\cos\alpha_A$$
$$\triangle KMO = \triangle K'M'O'/\cos\alpha_B$$

式中：α_A 为结构面 AA 的倾角；α_B 为结构面 BB 的倾角。

　　以上简要地阐述了空间上的直线、平面和结构体的实体比例投影的原理和作图方法。同时，也说明了线段的实际长度与投影长度的关系，平面的实际面积与投影面积的关系，以及根据实体比例投影图计算结构体体积的方法，这些方法都是最基本的，在岩体结构和岩体稳定分析中处处都要用到。

第五章　结构体空间应力分析

5.1　力的基本概念及其投影

　　应用赤平极射投影和实体比例投影方法图解空间共点力系问题时,应用的是静力学的基本概念和原理。作用于岩体上的作用力,包括岩体本身的重力和外部作用力,均以力的三要素表示:①力的作用点;②力的作用方向;③力的大小。

　　根据作用力的三要素,一个力作用于岩体上,必须有一个着力点,但在实际工程岩体中,作用力常常不是集中作用于岩体的某一点上,而是由一块相当的面积或体积来分布它的作用。因此,实际作用力大多是一种"分布力"。在工程岩体稳定分析中,为了简化起见,都把作用力视为集中力,并且认为它是作用在岩体的重心上。如水的扬压力,它是沿整个不透水界面按一定规律分布的,但在岩体稳定分析中,经常是用一个作用于岩体重心上的总扬压力来代表。

　　作用于工程岩体上的作用力,如果不只是一个、两个,而是许多力构成的一个力系时,也是认为力系中的各个作用力都共同作用于岩体的一点(重心)上。如果力系中各力的作用线均在同一平面内,称为平面共点力系;如果各作用力的作用线不在同一平面内,则称为空间共点力系。实际的工程岩体,大多数都是空间力系的受力状态。

　　为了便于表示力的赤平极射投影和实体比例投影,采用了力的矢量表示法:用线段的长度表示力的大小,线段的倾向和倾角表示力的空间方向。例如,已知力 P(50 kg)作用于岩面上,它的倾向方位为 $120°$,倾角 $40°$,则力 P 的赤平极射投影图如图 5-1(a)。沿 $120°$方位作包括力 P 的垂直平面,然后再将这个平面转化为实体比例投影,即将垂直平面以其走向线为旋转轴转至水平位置如图 5-1(b),图上线段 PO 的长度按作图比例尺代表 50 kg。

　　除了上述力的一般概念之外,在岩体稳定分析中,还要应用静力学的一些基本原理和方法,它们可概括为以下五个方面。

　　(1) 惯性原理

　　物体在不受外力作用时,都有一种保持其原有的运动状态的惯性,也就是不受力的物体保持平衡。所谓平衡,就是指物体原有状态维持不变,静止的仍然静止,运动的仍作等速直线运动。不受力的岩体一定维持平衡。但是,受力的岩体也可能保持平衡,因为作用在岩体上的力可能不只是一个力,而是一个力系,如果力系中各力的作用互相抵消,岩体依然保持平衡,与不受力的状态一样。维持岩体平衡状态的力系,称为平衡力系。

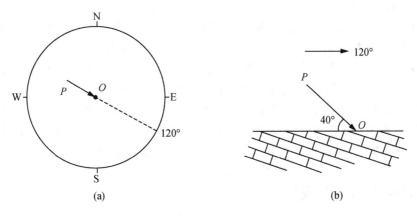

图 5-1　力的投影

（2）二力平衡原理

作用在岩体上的两个力互成平衡,必须是此二力大小相等,方向相反,并作用在一条直线上。

（3）力的平行四边形原理

如图 5-2,矢量 AB 和 AD 各代表作用于岩体上的 A 点的力 P_1 和 P_2,则 P_1 与 P_2 的合力 R 为平行四边形 $ABCD$ 的对角线 AC。

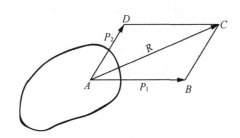

图 5-2　力的平行四边形原理

（4）力的可传性原理

力可沿其作用线任意移动而其作用不变,如图 5-3。力 P 从 A 点移到它的作用线的延长线上任一点 B,其作用都保持不变。

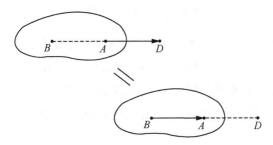

图 5-3　力的可传性示意图

（5）反作用力原理

A 岩块以一力 P 作用于 B 岩块时，B 岩块必产生一个与力 P 大小相等，方向相反并沿同一作用线作用的力 P' 作用于 A 岩块上，这个力 P' 称为反作用力。

应用赤平极射投影和实体比例投影方法求解空间共点力系，是以投影球心作为空间力系的共同作用点，并以投影球心作为比较各作用力的作用方向和它们的角距的原点。因此，在图解中最基本的一个步骤是先求出某两个作用力的共面，然后按照作用力在共面上的角距作出它们的实体比例投影，并按照力的平行四边形法则，或根据合力求分力，或根据分力求合力。以此类推，就可作出空间共点力系中许多力的合成或分解。

5.2　空间共点力系合成

工程岩体大多数处于空间力系的受力状态，它的稳定性取决于空间力系的平衡条件。因此，岩体的稳定分析多数是一个空间力学问题。空间力系的平衡条件分析是比较复杂的，它涉及一系列力的合成或分解，赤平极射投影方法为解决这一问题提供了一个较好的手段，它的方法浅易，操作简单，能很快地给出答案。虽然这种方法的精度比起解析法要差一些，但在工程实际情况下一般是允许的，并且它的精度也能随着作图者的细心程度和熟练技巧程度而提高。

在一般的共点力系的图解法中，作用于一点上的许多力的合力是通过连续应用力的平行四边形法则得出的。图 5-4 就是这个法则的具体应用的一个例子。

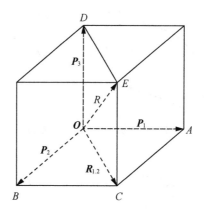

图 5-4　三力合成六面体

图 5-4 中 P_1、P_2、P_3 三个力共同作用于一点 O，它们互相垂直，不在同一平面上，分别以矢量 $\overrightarrow{OA}$、$\overrightarrow{OB}$、$\overrightarrow{OD}$ 表示，因为每两个共同作用于一点的力总是在同一平面上。因此，如图 5-4 所示，首先在 AOB 平面上根据平行四边形法则，求出 P_1 和 P_2 的合力 $R_{1,2}$（矢量 $\overrightarrow{OC}$）。然后，再在 COD 平面上根据平行四边形法则求出 $R_{1,2}$ 与 P_3 的合力 R（矢量 $\overrightarrow{OE}$），R 即为 P_1、P_2、P_3 三个力的合力。

在平行四边形 $AOBC$ 中

$$R_{1,2} = P_1 + P_2$$

在平行四边形 $DOCE$ 中

$$R = R_{1,2} + P_3$$
$$= P_1 + P_2 + P_3$$

用这种方法求空间三个力的合力,称之为六面体法则。

应用赤平极射投影方法求解空间共点力系的合力时,也是通过连续应用力的平行四边形法则,即六面体法则完成的。它首先根据各个力的作用方向(产状)作出它们的赤平极射投影,然后,作出某两个力的共面(即过两直线作一平面),并根据共面上力的角距(两直线的夹角)按一定比例尺作出力的实体比例投影。在实体比例投影图上按平行四边形法则求出它们的合力,最后,根据合力在共面上与已知力的角距关系作出它的赤平极射投影。至此,即求出两个已知力的合力的大小和产状,按照这个图解步骤,继续求解该合力与第三个力的合力,以此类推,空间共点力系的合力的大小和产状即可求出。

5.2.1 空间二共点力的合成

已知空间两个共点力 P_1 和 P_2,它们的大小和产状如表 5-1,求二力的合力。图解步骤如下:

表 5-1　空间两个共点力 P_1 和 P_2 的大小和产状数据表

作用力	力的大小(kg)	力的产状	
		倾向	倾角
P_1	80	210°	40°
P_2	60	140°	50°

(1) 根据共点力 P_1 和 P_2 的产状,作出它们的赤平极射投影(图 5-5)。P_1 的投影为 AO,P_2 的投影为 BO。

(2) 在图 5-5 上,作出力 P_1 和 P_2 的共面,即过直线 AO 和 BO 作一平面,为 $HABK$ 大圆。

(3) 将图 5-5 覆在投影网上,使 H、K 两点与投影网的 S、N 重合,就可根据大圆 $HABK$ 上各弧段所包含的纬度数,读得力 P_1(AO)、力 P_2(BO)与它们的共面走向线的夹角和它们之间的夹角,即求得它们之间的角距关系。如图 5-5,HA 弧段等于 54°,代表力 P_1 与共面走向线的夹角为 54°;HB 弧段等于 104°,代表力 P_2 与共面走向线的夹角为 104°。据此即可作出力 P_1、P_2 在共面上的实体比例投影。

(4) 作力 P_1、P_2 的实体比例投影图。首先作一直线 $H'K'$ 代表共面的走向线,并在其上任取一点 O',然后以 O' 为顶点,作 $\angle H'O'A' = 54°$,并按作图比例尺取 $A'O' = 80$ kg,作 $\angle H'O'B' = 104°$,按作图比例尺取 $B'O' = 60$ kg,如图 5-6,即为力 P_1、P_2 在共面上的实体比例投影。

(5) 求合力的大小。在图 5-6 上,按平行四边形法则求出 P_1、P_2 的合力 $R_{1,2}$ 为矢量 $\overrightarrow{CO'}$,由作图比例尺得出它等于 127 kg。

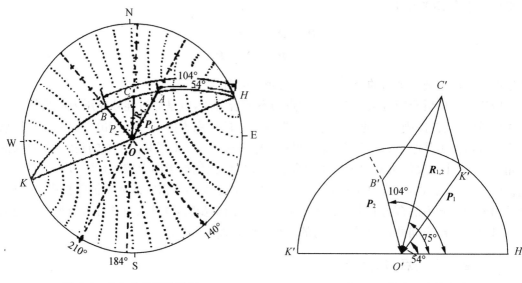

图 5-5 力与力共面的投影

图 5-6 共面上力的合成

（6）求合力的作用方向。在图 5-6 上，测得合力 $R_{1,2}$ 与共面走向线的夹角 $\angle H'O'C' =$ 75°。然后，在图 5-5 的 $HABK$ 大圆上取 HC 弧段等于 75°。连 OC，即为合力 $R_{1,2}$ 的赤平极射投影，由图读得产状为倾向 184°，倾角 50°。

为了说明图解的原理和方法，上面绘制了两个图（图 5-5 和图 5-6）。如果已经熟练地掌握了这一图解方法。则上述图解步骤可以很快地在一个图上完成，如图 5-7。其作图步骤如下：

（1）作力 P_1、P_2 的赤平极射投影，为 AO 和 BO。

（2）过 A、B 两点作一大圆 $HABK$，为二已知力的共面。

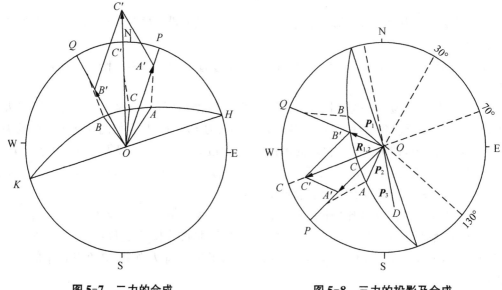

图 5-7 二力的合成

图 5-8 三力的投影及合成

（3）将投影图覆于投影网上，使 H、K 与投影网的 S、N 重合。将 A、B 两点沿其所在的纬线移至基圆，得 P、Q 两点。

(4) 连 PO、QO。按某一作图比例尺，在 PO 线上取 $OA' = 80$ kg，在 QO 线上取 $OB' = 60$ kg，按平行四边形法则作出 $\overrightarrow{OA'}(P_1)$、$\overrightarrow{OB'}(P_2)$ 的合力 $\overrightarrow{OC'}$，由作图比例尺量得它等于 127 kg。

(5) 将 $\overrightarrow{OC'}$ 与基圆的交点 G 沿其所在的纬度线移至 $HABK$ 大圆上，得 C 点。连 OC，即为二已知力 P_1、P_2 的合力的赤平极射投影，由图读出其产状为倾向 184°，倾角 50°。

至此，二已知力 P_1、P_2 的合力的大小和产状即已求出。

5.2.2　空间三共点力的合成

已知空间三共点力 P_1、P_2、P_3，它们的大小和产状如表 5-2，求三力的合力。图解步骤如下：

表 5-2　空间三共点力 P_1、P_2、P_3 的大小和产状数据表

作用力	力的大小(kg)	力的产状	
		倾向	倾角
P_1	100	30°	50°
P_2	60	130°	40°
P_3	40	350°	30°

(1) 根据三共点力 P_1、P_2、P_3 的产状，作出它们的赤平极射影图，如图 5-8，P_1 的投影为 BO，P_2 的投影为 AO，P_3 的投影为 DO。

(2) 在图 5-8 上，按图 5-7 的图解方法求得 P_1、P_2 的合力 $R_{1,2}$。它的实体比例投影为 OC，按作图比例尺测得其大小等于 138 kg，它的赤平极射影为 OC，读得其产状为倾向 70°，倾角 58°。

(3) 根据 P_1、P_2 的合力 $R_{1,2}$ 的大小和产状，求它与 P_3 的合力。为清晰起见，另作图 5-9，并按图 5-7 的图解方法求得 $R_{1,2}$ 与 P_3 的合力 R。它的实体比例投影为 OM'；测得其大小等于 162 kg。它的赤平极射投影为 OM，读得其产状为倾向 46°，倾角 59°。

至此，空间已知三共点力 P_1、P_2、P_3 的大小和产状即已求出。

由此类推，不难求得空间四个、五个或更多共点力的合力。

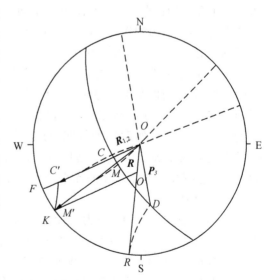

图 5-9　力的投影与合成

5.2.3 图解中应注意的几个问题

1) 为提高图解的精确度,作图时应尽量选用尺寸大的投影网,一般直径为 20 cm 的投影网较为适宜。作矢量图时,应根据已知力的大小,选用适当的作图比例尺。一般来讲,比例尺越大,求得的数据越精确。

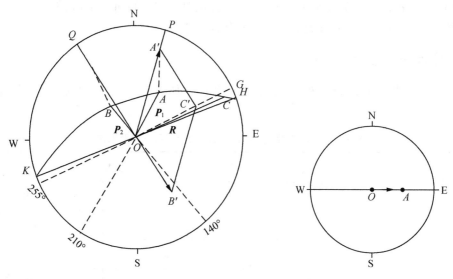

图 5-10　力的投影与合成　　　　图 5-11　水平力和垂直力的投影

2) 要注意力的作用方向。在上述的两个例题中,所给的力都是指向下半球的,它可以代表大多数作用于岩体上的力。实际上,还有一些作用力是指向上的,如地下水的浮托力等。为了在力的赤平极射投影图上将指向下和指向上这两种力区别开来,可以在力的投影上加上箭头,表示力的作用方向。箭头指向投影圆心的力为指向下的作用力,箭头表示离开投影圆心的力为指向上的作用力。

图 5-10 表示当图 5-7 中的已知力 P_1 为一指向上的作用力时,P_1 和 P_2 合力的图解方法。由图可见,其图解的基本步骤和方法与图 5-7 是基本一致的,不同之处只在于 P_1、P_2 的指向不同。在作力的实体比例投影图时,是根据力的可传性原理,在 QO 的延长线上取 OB' 等于 P_2 的大小为 60 kg,然后按平行四边形法则求出 OA' 和 OB' 的合力 R 的实体比例投影为 OC',测得其大小等于 62 kg。延长 OC' 至基圆得 G 点,将 G 点沿纬度线移至 $HABK$ 大圆上得 C 点,连 CO,即为合力 R 的赤平极射投影,读得其产状为倾向 255°,倾角 4°,它是一个指向上的作用力。

3) 要注意水平力和垂直力的投影。水平力的倾角为 0°,它的赤平极射投影为通过投影圆心的一条直径。为了表示水平力的作用方向,也是在力的投影线上加上箭头。如图 5-11 中箭头指向 E 的 EW 线表示自 W 向 E 作用的水平力的赤平极射投影。垂直力的赤平极射投影即为投影圆心 O,它常常是代表岩体自重力的投影。

5.3 空间共点力系分解

在工程岩体稳定分析中,常常是已知工程作用力的大小和作用方向,然后根据结构面的产状分析结构面在该工程力作用下的受力情况,计算其稳定性。这时遇到的主要是力的分解问题。应用赤平极射投影方法进行空间力的分解,也是很简便的。

5.3.1 已知一力 R,求其在某结构面上的法向分力和切向分力

已知一作用力 $R=50$ kg,倾向 $140°$,倾角 $40°$,作用在走向 $N30°E$,倾向 NW,倾角为 $30°$ 的一结构面上,求力 R 在该结构面上的法向分力和切向分力,图解步骤如下:

1) 作已知力 R 和结构面的赤平极射投影图,力 R 的投影为 RO,结构面的投影为 AB 大圆(图 5-12)。

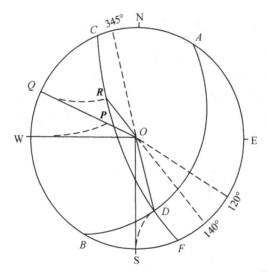

图 5-12 力的分解投影

2) 根据赤平极射投影原理,垂直于一结构面的力(法向力)的投影为结构面的法线。切向力为与结构面平行的力,因而它的投影必在结构面大圆上,并且与法向力的夹角为 $90°$。由于法向力和切向力均由已知力 R 分解而来,R、法向力和切向力三者必在同一平面上。因此,这个平面必然是包括已知力 R 并垂直于结构面的平面,据此,可以求出法向力和切向力的投影。

首先,作结构面的法线 PO,它即为法向力的投影。然后,过 RO 和 PO 作一平面为大圆 RP,它与 AB 大圆相交于 D 点,连 DO,即为切向力的投影。由图读得法向力 PO 的产状为倾向 $120°$,倾角 $60°$,切向力的产状为倾向 $345°$,倾角 $22°$。

3) 将投影图覆于投影网上,使 RPD 大圆的走向线与投影网的 SN 线重合,将 R、P、D 三点沿其所在的纬度线移至基圆,得 Q、W、S 三点。连 QO、WO、SO,分别代表已知力 R、法向力 $\overrightarrow{PO}$ 和切向力 $\overrightarrow{DO}$ 三者在 RPD 平面上的角距关系,据此可作出力的实体比例投影图,并按平行四边形法则求得法向力和切向力的大小,如图 5-13,求得法向力 $\overrightarrow{PO}$ 等于 45 kg,切向

力 $\overrightarrow{D'O}$ 等于 20 kg。

由图 5-13 看出，切向力 $\overrightarrow{D'O}$ 是指向上的，因此对于结构面来说，是一个上滑力。

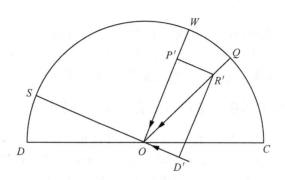

图 5-13　共面上力的分解

5.3.2　已知一合力 R，求其在两个相交结构面上的法向力

在边坡上有一不稳定岩块，是由两个结构面 1-1 和 2-2 切割构成的，如图 5-14 右上角的小图所示，作用在该岩块上的合力 R 等于 100 kg，它的产状为倾向 98°，倾角 70°。两结构面的产状如表 5-3，求力 R 作用在各个结构面上的法向力。图解步骤如下：

1）根据已知力 R 和结构面的产状，作它们的赤平极射投影图，如图 5-14。它们的投影分别为 RO、1-1 大圆和 2-2 大圆，两结构面的交线为 IO。

表 5-3　结构面 1-1、2-2 的产状

结构面	走向	倾向	倾角
1-1	N40°E	SE	38°
2-2	N30°W	SW	50°

2）作结构面 1-1 和 2-2 的法线，为 P_1O 和 P_2O，它们分别代表力 R 作用在结构面 1-1 和 2-2 上的法向力的投影。过 P_1O、P_2O 两直线作一平面（二法向力的共面），为 P_1P_2 大圆。它同时垂直于结构面 1-1 和 2-2，即 IO 为其法线，I 为其极点。

3）在图 5-14 的结构面组合和受力条件下，求力 R 作用在两结构面上的法向力时，应首先将力 R 分解为平行于结构面交线 IO 和垂直于 IO 的两个分力，然后再将垂直于 IO 的分力分解为垂直于两结构面的两个分力。

因此，首先过 I、R 两点作一平面，为 IR 大圆，它与 P_1P_2 大圆相交于 T 点。连 TO，为垂直于交线 IO 的分力的投影。然后，在 IRT 平面上，将力 R 分解为 $\overrightarrow{IO}$ 和 $\overrightarrow{TO}$ 两分力，为此，将投影图覆于投影网上，使 IRT 大圆的走向线与投影网的 SN 线重合，将 I、R、T 三点沿纬度线移至基圆，得 I'、R'、T' 三点，连 $I'O$、$R'O$、$T'O$（为使图上线条不致过于杂乱，这三条直线在图上没有画出），并根据三者之间的角距关系和已知力 R 的大小作图 5-15，按平行四边形法则求得垂直于 IO 的分力 $\overrightarrow{TO}$ 等于 88 kg。

4）同理，在 P_1P_2 平面内将 $\overrightarrow{TO}$ 分解为 $\overrightarrow{P_1O}$、$\overrightarrow{P_2O}$ 两分力。为此，使 P_1P_2 大圆的走向线与

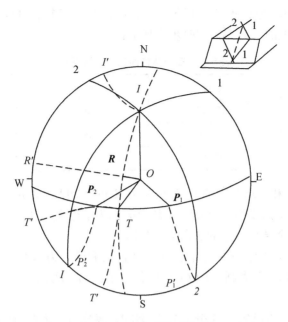

图5-14 力与共面的投影

投影网的 SN 线重合,将 P_1、T、P_2 三点沿纬度线移至基圆,得 $P_1{}'$、T'、$P_2{}'$ 三点。连 $P_1{}'O$、$T'O$、$P_2{}'O$(图上同样未画出),并根据三者的角距关系和图5-15,求得 $\overrightarrow{TO}$ 的大小(图5-16)。按平行四边形法则求得 $\overrightarrow{P_1O}=32\ \mathrm{kg}$、$\overrightarrow{P_2O}=62\ \mathrm{kg}$。

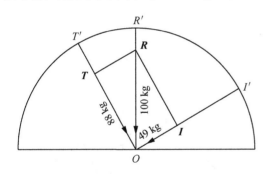

图5-15 共面上力的分解

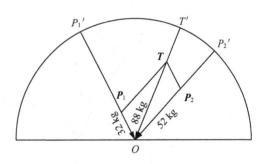

图5-16 共面上力的分解

由以上图解,求出力 R 作用在结构面 1-1、2-2 上的法向力 $\overrightarrow{P_1O}$、$\overrightarrow{P_2O}$ 如表5-4。

表5-4 法向力 $\overrightarrow{P_1O}$、$\overrightarrow{P_2O}$ 的产状

法向力	倾向	倾角	大小(kg)
$\overrightarrow{P_1O}$	310°	52°	32
$\overrightarrow{P_2O}$	60°	40°	62

5.3.3 已知一力 R,求其作用在三个相交的结构面上的法向力

在地基岩体中有一由三个结构面切割构成的顶点在下的四面锥形块体。作用在该块体

上的合力 R 等于 100 kg，它的产状为倾向 240°，倾角 60°。三个结构面的产状如表 5-5，求力 R 作用在三个结构面上的法向力。图解步骤如下：

表 5-5 三个结构面的产状数据表

结构面	走向	倾向	倾角
1-1	N30°E	SE	30°
2-2	N40°W	SW	40°
3-3	EW	N	50°

1）根据已知力 R 和三结构面的产状，作用力 R 和三个结构面的法线的赤平极射投影图（图 5-17）。RO 为力 R 的投影，P_1O、P_2O、P_3O 分别为结构面 1-1、2-2、3-3 的法线的投影，也就是力 R 作用在各个结构面上的法向力的投影。

2）过任意两个法向力作一平面，再过另一法向力和已知力 R 作一平面。如图 5-17，过 P_1O、P_2O 作一平面为 P_1P_2 大圆，过 RO、P_3O 作一平面为 RP_3 大圆，两大圆相交于 A 点，连 AO，为它们的交线。

3）在 RP_3 平面内，将已知力 R 分解为 $\overrightarrow{P_3O}$ 和 $\overrightarrow{AO}$ 两分力。为此，使 RP_3 的走向线与投影网的 SN 线重合，将 P_3、R、A 三点沿纬度线移至基圆，得 $P_3{}'$、R'、A' 三点。连 $P_3{}'O$、$R'O$、$A'O$（图 5-17 中未画出），并根据三者的角距关系和已知力 R 的大小作图 5-18，按平行四边形法则求得 $\overrightarrow{P_3O}$ 等于 50 kg，$\overrightarrow{AO}$ 等于 72 kg。

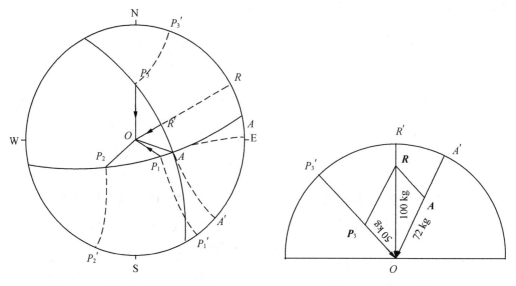

图 5-17 力（R）与结构面的投影   图 5-18 共面上力的分解

4）在 P_1P_2 平面内，将力 $\overrightarrow{AO}$ 分解为 $\overrightarrow{P_1O}$、$\overrightarrow{P_2O}$ 两分力。为此，使 P_1P_2 平面的走向线与投影网的 SN 线重合，将 A、P、B 三点沿纬度线移至基圆，得 A'、$P_1{}'$、$P_2{}'$ 三点，联 $A'O$、$P_1{}'O$、$P_2{}'O$（图上未画出），并根据三者的角距关系和 $\overrightarrow{AO}$ 力的大小作图 5-19，按平行四边形法则求得 $\overrightarrow{P_1O}$ 等于 85 kg，$\overrightarrow{P_2O}$ 等于 20 kg，因为 $\overrightarrow{P_2O}$ 的箭头是指向上半球的，因此，作用于结构面 2-2 上的法向力为拉力。

由上面的图解,求得力 **R** 作用在三个结构面上的法向力如表 5-6。

表 5-6 力 R 作用在三个结构面上的法向力数据表

法向力	性质	大小(kg)	倾向	倾角
$\overrightarrow{P_1O}$	压	85	300°	60°
$\overrightarrow{P_2O}$	拉	20	50°	50°
$\overrightarrow{P_3O}$	压	50	180°	40°

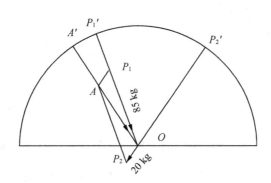

图 5-19 共面上力的分解

5.4 结构体空间应力图解

在岩体中兴建工程,一般条件下,岩体的受力状态,多数是三维应力作用,最大主应力(σ_1),中间主应力(σ_2)和最小主应力(σ_3)的大小及其作用方向,要根据具体的岩体工程及其所处构造部位而定。一般地说,当岩体工程埋藏越深,水平方向的主应力(包括构造应力)越来越大,因而水平主应力常常是最大主应力,近地表或浅埋条件下的岩体工程,则一般都是垂直主应力(岩体自重)为最大主应力。这个问题,即岩体所受的应力场特征,在对岩体进行空间应力分析之前是要首先明确的。

三维空间应力作用,在岩体稳定分析中多数表现在四面体的问题上。如边坡的变形破坏,常见的是两个结构面,再加上两个临空面(边坡面和坡顶面)组合而成的四面体。在地下岩体工程中,无论是拱顶或是边墙上的不稳定块体,也常常是由三个结构面,再加上一个临空面(拱顶面或边墙面)所组成的四面体。在坝基岩体中,四面体形式的不稳定块体更为常见。所以,四面体在岩体稳定分析中具有典型的意义。

现以锥形四面体为例,作其空间应力状态的图解分析。如图 5-20,锥形四面体由三个结构面 AOB、BOC、COA 和一个临空面 ABC 组成。它是拱顶上的一个不稳定块体,作用在该块体上的三维空间应力为 σ_1、σ_2 和 σ_3。

首先引进一个微小面积单元 S 的概念。有一个单独力 **R** 作用在面积单元的某一点 P 上,即 **R** 是作用于面积单元 S 上的合力,而 R/S 为作用于面积单元上的平均应力。

作用在面积单元 S 上的合力 **R**,可以分解为垂直于面积单元的法向分量 **N** 和平行于面积单元的切向分量 **F**。**F** 是沿面积单元平面的最大剪切力方向作用,如图 5-21。于是作用在面积单元上的平均法向应力等于 N/S，作用于面积单元上的平均切向应力等于 F/S。

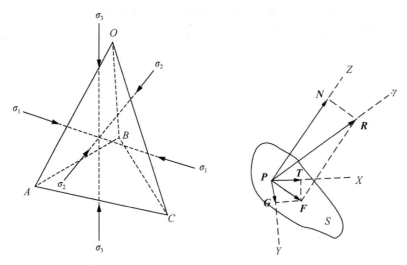

图 5-20　四面体的三维应力作用示意图　　图 5-21　作用在面积单元上的力

如果要充分说明切向应力 F/S，那么，就必须要指出它在面积单元平面内的确切方向。这通常可以在面积单元平面内选定一对直角坐标，并以 X 轴和 Y 轴来表示它的方向，将切向力 F 沿 X 和 Y 方向分解为两个分量 G 和 T。这恰恰就为应用赤平极射投影和实体比例投影方法进行图解创造了条件。

设想在四面体的每一个面上，都同面积单元 S 一样，通过每一个这样的面都可以有一组不同的法向应力和切向应力。如图 5-21，合力 R 及其分力 N、G 和 T 都是分别沿着 r 轴、Z 轴、Y 轴和 X 轴的正方向作用的，我们可假定其符号为正，于是一个符号为正的法向力表示通过面积单元的力是张力，而一个符号为负的法向力则表示为压力。切向力（剪切力）的符号没有相应的物理意义，它只与坐标轴的方向选择有关。

5.4.1　应力分解

现取锥形四面体中任意一个面为例，如取 AOB 面，作其应力图解。首先在 AOB 面上将 σ_1 分解为一个法向应力 σ_{1n} 和一个切向应力 τ_1 然后再将切向应力 τ_1 分解为两个切向应力 τ_{1h} 和 τ_{1v}。τ_{1h} 是沿该平面的走向方向的切向应力，τ_{1v} 是沿该平面的倾向方向的切向应力，如图 5-22。图解步骤如下：

1）根据结构面 AOB 的产状作其赤平极射投影，如图 5-23 为 aa 大圆，因 σ_1 是水平主应力，它的投影为 $\overrightarrow{do}$。

2）作 AOB 平面的法线为 mo，它即为垂直于 AOB 平面的法向应力 σ_{1n} 的投影，过 do、mo 两直线作一平面，为 dd 大圆，它是主应力 σ_1 与法向应力 σ_{1n} 的共面。dd 大圆与 aa 大圆相交于 n 点。连 no，为切向应力 τ_1 的投影。

3）在 dd 平面上，根据主应力 σ_1，法向应力 σ_{1n} 和切向应力 τ_1 石的角距关系，以及主应力 σ_1 的大小作图 5-24。按平行四边形法则将 σ_1 分解为 σ_{1n} 和 τ_1 两分力，求出 σ_{1n} 和 τ_1 的大小，即

$$\boldsymbol{\sigma}_1 = \boldsymbol{\sigma}_{1n} + \boldsymbol{\tau}_1$$

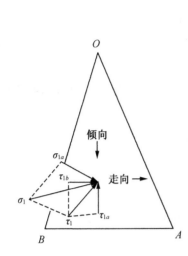

图 5-22　作用在 AOB 面上的力的分解

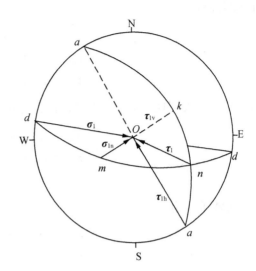

图 5-23　力与力面的投影

4) 在图 5-23 上,作 AOB 平面(aa 大圆)的倾向线 ko 和走向线 aa。ko 和为沿 AOB 平面的倾向方向的切应力 $\boldsymbol{\tau}_{1v}$ 的投影,ao 为沿 AOB 平面的走向方向的切应力 $\boldsymbol{\tau}_{1h}$ 的投影,根据 AOB 平面上 $\boldsymbol{\tau}_{1h}$、$\boldsymbol{\tau}_1$ 和 $\boldsymbol{\tau}_{1v}$ 的角距关系以及已知 $\boldsymbol{\tau}_1$ 的大小作图 5-25。按平行四边形法则将 $\boldsymbol{\tau}_1$ 分解为 $\boldsymbol{\tau}_{1h}$ 和 $\boldsymbol{\tau}_{1v}$ 两分力,并求出 $\boldsymbol{\tau}_{1h}$ 和 $\boldsymbol{\tau}_{1v}$ 的大小,即

$$\boldsymbol{\tau}_1 = \boldsymbol{\tau}_{1h} + \boldsymbol{\tau}_{1v}$$

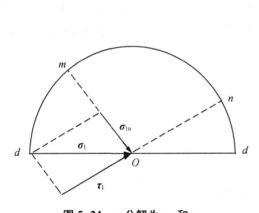

图 5-24　σ_1 分解为 σ_{1n} 和 τ_1

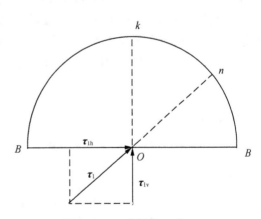

图 5-25　τ_1 分解为 τ_{1h} 和 τ_{1v}

上面四个图解步骤,仅仅是完成了一个主应力 $\boldsymbol{\sigma}_1$ 在 AOB 面上的分解。实际上,在 AOB 面上还有 $\boldsymbol{\sigma}_2$ 和 $\boldsymbol{\sigma}_3$ 的作用。$\boldsymbol{\sigma}_2$ 和 $\boldsymbol{\sigma}_3$ 在 AOB 面上分解的图解步骤与上述完全相同,在此不必重复。

因此,在 AOB 面上共有三组力作用:

由 $\boldsymbol{\sigma}_1$ 分解的有:σ_{1n};τ_{1v};τ_{1h}。

由 $\boldsymbol{\sigma}_2$ 分解的有:σ_{2n};τ_{2v};τ_{2h}。

由 $\boldsymbol{\sigma}_3$ 分解的有:σ_{3n};τ_{3v};τ_{3h}。

如果以 σ_{an} 表示 AOB 面上总的法向应力,以 τ_{av} 和 τ_{ah} 表示沿 AOB 平面的倾向和走向的总的切应力,则有:

$$\left.\begin{array}{l} \sigma_{an} = \sigma_{1n} + \sigma_{2n} + \sigma_{3n} \\ \tau_{av} = \tau_{1v} + \tau_{2v} + \tau_{3v} \\ \tau_{ah} = \tau_{1h} + \tau_{2h} + \tau_{3h} \end{array}\right\} \tag{5-1}$$

同理,在 BOC 和 COA 平面上同样也有与式(5.1)相同的一组总应力,在 BOC 面上有:

$$\left.\begin{array}{l} \sigma_{bn} = \sigma_{1n} + \sigma_{2n} + \sigma_{3n} \\ \tau_{bv} = \tau_{1v} + \tau_{2v} + \tau_{3v} \\ \tau_{bh} = \tau_{1h} + \tau_{2h} + \tau_{3h} \end{array}\right\} \tag{5-2}$$

在 COA 面上有:

$$\left.\begin{array}{l} \sigma_{cn} = \sigma_{1n} + \sigma_{2n} + \sigma_{3n} \\ \tau_{cv} = \tau_{1v} + \tau_{2v} + \tau_{3v} \\ \tau_{ch} = \tau_{1h} + \tau_{2h} + \tau_{3h} \end{array}\right\} \tag{5-3}$$

以上三式中,σ_{1n}、σ_{2n}、σ_{3n}、τ_{1h}、τ_{2h}、τ_{3h}、τ_{1v}、τ_{2v}、τ_{3v} 并非相等,它们各自代表相应面上的应力值。

5.4.2 锥形四面体的稳定分析

图 5-20 的四面锥体 $ABCO$ 在位于拱顶的条件下,显然它具有向下塌落的趋势。如果它能维持稳定,则主要是靠 AOB、BOC、COA 三个面的剪应力强度来维持的。

四面体的 AOB、BOC、COA 三个面,周围都受围岩约束,不能产生移动,所以沿这三个面的走向方向的切应力之和认为等于零。对四面体向下移动起作用的应力主要是 σ_{an}、σ_{bn}、σ_{cn} 和 τ_{av}、τ_{bv}、τ_{cv}。因此,在 AOB 面上下滑力是:

$$\tau_{av} = \tau_{1v} + \tau_{2v} + \tau_{3v} \tag{5-4}$$

抗滑力

$$P_a = \sigma_{an} \operatorname{tg} \Phi_a + C_a$$

或

$$P_a = (\sigma_{1n} + \sigma_{2n} + \sigma_{3n}) \operatorname{tg} \Phi_a + C_a \tag{5-5}$$

式 5.5 中,C_a、Φ_a 是 AOB 面的内聚力和内摩擦角。

在 AOB 面上的稳定系数是:

$$\eta_a = \frac{P_a}{\tau_{av}} = \frac{(\sigma_{1n} + \sigma_{2n} + \sigma_{3n}) \operatorname{tg} \Phi_a + C_a}{\tau_{1v} + \tau_{2v} + \tau_{3v}} \tag{5-6}$$

在 COA 面上的稳定系数是:

$$\eta_c = \frac{P_c}{\tau_{cv}} = \frac{(\sigma_{1n} + \sigma_{2n} + \sigma_{3n}) \operatorname{tg} \Phi_c + C_c}{\tau_{1v} + \tau_{2v} + \tau_{3v}} \tag{5-7}$$

在 BOC 面上的稳定系数是：

$$\eta_b = \frac{P_b}{\tau_{bv}} = \frac{(\sigma_{1n} + \sigma_{2n} + \sigma_{3n})\mathrm{tg}\,\Phi_b + C_b}{\tau_{1v} + \tau_{2v} + \tau_{3v}} \tag{5-8}$$

如果 AOB、BOC、COA 三个面上的稳定系数都大于 1，则四面体处于稳定状态。如果三个面上的稳定系数都小于 1，则四面体要向下塌落；某一个或两个面上的稳定系数大于 1，而另外的面上的稳定系数小于 1 的情况下，四面体处于力偶作用状态，它的运动方式将比较复杂。

在以上的分析中，当四面体的自重与 σ_1、σ_2、σ_3 相比是很小时，可以将四面体的自重力略去不计。如果围岩应力（σ_1、σ_2、σ_3）很小，则自重对块体的平衡起着主要作用，不能忽略不计。

第六章　结构体稳定性图解法

6.1　摩擦锥概念

利用赤平极射投影和实体比例投影方法,可以方便地图解求出由结构面和临空面组合构成的可能不稳定块体(结构体)的几何形状、体积,以及它们在工程中的部位,并作出失稳破坏的可能形式和滑动面的判断。在这些可能不稳定块体中,除了洞顶直四面锥体的失稳破坏,一般是在自重作用下,纯粹以向下塌落的形式出现之外,其余块体的失稳破坏,都主要表现为滑移形式。也就是说,大多数块体的失稳破坏,主要是由于块体在自重和其他工程力或构造应力作用下,沿着作为滑动面的结构面出现位移而发生的。这是在岩体工程建设中和自然界中最常见也最为普遍的岩体失稳破坏形式。

应用赤平极射投影和实体比例投影方法,对滑移块体的稳定性进行图解分析,按照刚性假定原理,不考虑块体内部各点的应变,并且认为块体上和滑动面上各种因素将共同作用。

设有一个重力为 W 的滑动岩块,放置在倾角 a 连续的结构面之上[图 6-1(a)]。假定结构面的内聚力 c 等于零,约束岩块沿结构面(滑动面)向下滑移的抗滑力仅单纯由摩擦引起。如果用 P 代表由岩块重力 W 产生的垂直于滑动面的法向分力,S 代表由岩块重力 W 产生的沿滑动面倾斜方向向下的滑动力,T 代表由摩擦产生的抗滑力,φ 代表滑动面的摩擦角,按库仑公式有:

$$T = P\,\mathrm{tg}\varphi \tag{6-1}$$

当岩块在滑动面上处于极限稳定状态时,则 $T=S$,或写作 $W\cos\alpha \cdot \mathrm{tg}\varphi = W\sin\alpha$($\alpha$ 为滑动面倾角)。

其稳定系数 η 表示为:

$$\eta = \frac{\mathrm{tg}\varphi}{\mathrm{tg}\alpha} \tag{6-2}$$

这就是说,当 $c=0$ 时,块体的稳定系数只取决于滑动面倾角 α 和摩擦角 φ 的大小。若 $\varphi > \alpha$,则 $\eta > 1$,块体是稳定的;若 $\varphi < \alpha$,则 $\eta < 1$,块体是不稳定的;若 $\varphi = \alpha$,则 $\eta = 1$,块体处于极限稳定状态。在进行块体稳定性的初步评价,往往只取这三种状态。

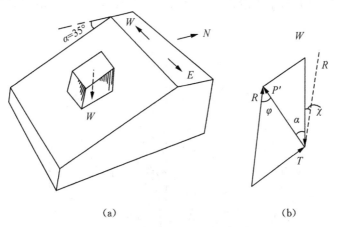

图 6-1　结构体沿结构面滑动的示意图

　　为了利用赤平极射投影图对块体滑移稳定性作图解分析,需要引入一个摩擦阻抗力(简称摩阻抗力)R 的概念。由图 6-1(b)所示的向量图可知,摩阻抗力 R 是由岩块重力 W 产生的法向 P 的反作用力 P' 和抗滑力 T 的合力,它的指向相对于 P' 成一角度 φ。如果把岩块重力 W 定义为推动岩块滑移的滑移驱动力,则摩阻抗力 R 为阻止岩块滑动的反滑移驱动力。

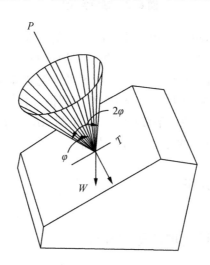

图 6-2　摩擦圆锥

　　由向量图图 6-1(b)还可以得出一个有意义的结论:摩阻抗力 R 和重力 W 之间的夹角 c 与滑动面的倾角 α 的代数和必等于滑动面的摩擦角 φ(R 与滑动面倾向一致时,χ 为正值,R 与滑动面倾向相反时,χ 取负值),即:

$$\varphi = \alpha + \chi \tag{6-3}$$

　　如果以法向力 P 为旋转轴,将摩阻抗力 R 绕其旋转一周,就可以得到一个以法向力 P 为中心轴,顶角等于 2φ 的圆锥,这个圆锥就称为摩擦圆锥,如图 6-2。摩擦圆锥的表面,规定了摩阻抗力的全部可能方向,它代表了岩块稳定系数等于 1 的极限平衡条件,也就是说,当作用在岩块上的滑移驱动力(或合成滑移驱动力)的作用方向与滑动面法线的夹角小于

φ,即位于摩擦圆锥之内时,不论滑移驱动力的方向为何,岩块沿滑动面的滑动都不会发生。

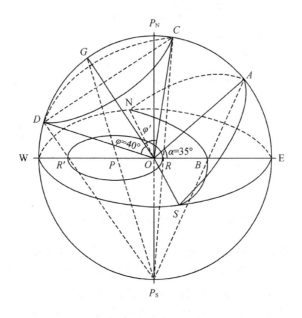

图 6-3　摩擦锥投影

　　根据赤平极射投影原理,可以将图 6-1 和图 6-2 的全部要素表示于赤平极射投影图上。图 6-3 为将图 6-1 和图 6-2 中的全部要素放置于投影球心后的透视图。由图可以看出诸要素之间的空间关系和它们的赤平极射投影、NAS 平面为滑动面,它的投影为 NBS 大圆。GO 为滑动面的法线,它的投影为 PO。CDO 为摩擦圆锥,由赤平极射投影原理可知,它与投影球面的交线为一小圆 CD,它的赤平极射投影为小圆 RR'。小圆 RR' 就称为摩擦圆,或摩阻抗力圆。据此,不难作出它们的赤平极射投影图。

6.2　单滑面块体稳定分析

6.2.1　自重状态下单滑面边坡的稳定分析

　　如图 6-4,首先根据滑动面的产状 $0°/W\angle35°$ 作出它的投影,为 NBS 大圆,并作出它的极点 P。然后,按照基本作图法 13)的作图方法,以 P 点内中心,以滑动面的摩擦角 φ(等于40°)为半径作一小圆,即得摩擦圆。岩块重力 W 投影于圆心 O。作滑动面的倾向线 BO,为岩块在自重力 W 作用下的滑移方向。摩擦圆与 BO 相交于 R,RO 即为对应于滑动方向 BO 的摩阻抗力 R 的投影。

　　由图 6-4 可以看出,驱动岩块沿滑动面下滑的岩块重力 W 的投影 O,落在摩擦圆里面,说明岩块是稳定的。假如滑动面的摩擦角 φ 小于滑动面的倾角 α,则岩块重力 W 的投影 O 将位于摩擦圆之外,说明块体将产生滑动。如果滑动面的摩擦角 φ 正好等于其倾角 α,则摩擦圆正好与岩块重力 W 的投影 O 点相切表示岩块处于极限稳定状态。也就是说,摩擦圆周代表了岩块处于临界平衡状态时滑移驱动力投影的位置,这与由公式(6-1)所作的判断是一

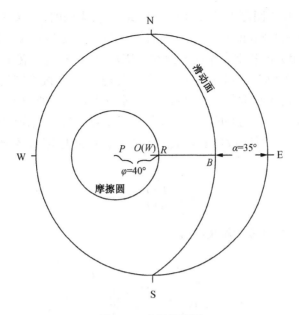

图 6-4　摩擦圆投影

致的。

此外,摩擦圆还可以用另一种方式表示(图 6-5),以基圆的圆心 O 为中心,以 $90°-\varphi$(图 6-5 中为 $90°-40°=50°$)为半径作一小圆,为摩擦圆。如果这个摩擦圆与代表滑动面的大圆不相交,说明滑动面上的岩块处于稳定状态;反之,若两者相交,岩块将向下滑动。如图 6-4 和图 6-5,若要满足不稳定条件,滑动面需要变陡 5°以上,或者摩擦角减小 5°以上。

为了求得块体的稳定系数值,可以根据图 6-1(b)的矢量图和图 6-6 的原理,在赤平极射投影图上作出滑动力和抗滑力的实体比例图解。

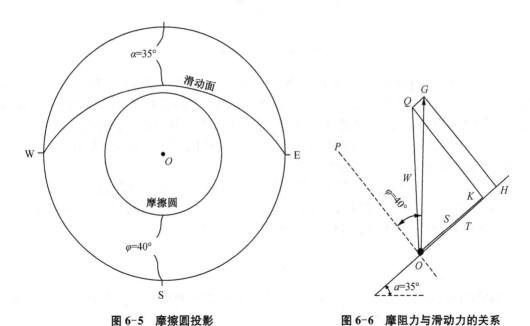

图 6-5　摩擦圆投影　　　　　**图 6-6　摩阻力与滑动力的关系**

将图 6-4 所示的投影图覆于投影网上。使 BO 与投影网的 SN 线重合,将 B、R、O 三点沿各自所在的纬线移至基圆,得 L、F、E 三点(图 6-7)。连接 LO、FO、EO,它们分别代表滑动方向,摩阻抗力作用方向和重力作用方向在 BRO 平面由垂直旋转至水平位置后,三者之间的平面方位关系。在 OE(或其延长线)上取一点 Q,使 OQ 按作图比例等于块体重力 **W**(因这里设内聚力 c=0,**W** 可取任一相对重力)。过 Q 点作 QK 垂直 LO,KO 即等于滑动力 **S**,过 Q 点作一直线平行 LO,与 OF 的延长线相交于 G 点。过 G 点作 GH 垂直 LO,HO 即等于抗滑力 **T**。HO 与 KO 两线段的长度比,就是该岩块的稳定系数值。由图测得其稳定系数:

$$\eta = \frac{HO}{KO} = 1.2$$

与上面由公式(6-1)计算的结果一致。

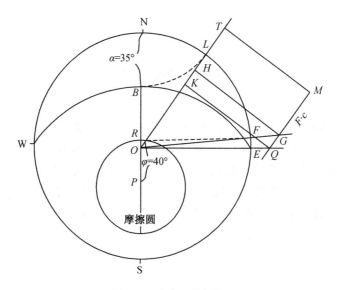

图 6-7　稳定系数图解

如果滑动面的内聚力 c 不等于零,计算岩块的稳定系数时就要考虑内聚力的作用,因而需要首先确定岩块的重力和岩块与滑动面的接触面积。现假设图 6-1 中岩块的重力 **W** 为 2.6 t。岩块与滑动面的接触面积 F 为 1.0 m²,滑动面与岩块接触面的内聚力 c=0.1 kg/cm²。求得由内聚力作用而产生的抗滑力为 1.0 t,岩块的稳定系数值就可以在图 6-7 中不考虑 c 值的图解的基础上,进一步作出图解。

在图 6-7 中,设 OQ 的长度代表岩块重量 2.6 t,延长 OG,并按 OQ 的作图比例尺取 GM=F·c=1.0 t。过 M 点作 MT 垂直 OL(或其延长线),TO 即为考虑了内聚力作用的抗滑力 **T**。根据 TO 和 KO 两线的长度比算出块体的稳定系数:

$$\eta = \frac{TO}{KO} = 1.88$$

如果将由滑动面的内聚力 c 产生的抗滑力作适当变换,可以求出包括滑动面的摩擦角 φ 和内聚力 c 在内的等效摩擦角 φ' 为

$$\text{tg}\varphi' = \text{tg}\varphi + \frac{F \cdot C}{W \cdot \cos\alpha} \tag{6-4}$$

根据上述假定的参数值,求得图 6-1 的滑动面的等效摩擦角 $\varphi'=52.7°$。那么,在赤平极射投影图上,以 P 点为中心,以 $\varphi'=52.7°$ 为半径作一摩擦圆(图 6-8),它与 BO 相交于 R'。$R'O$ 即为等效摩阻抗力 R' 的投影。按照图 6-7 的图解方法,求得岩块的稳定系数:

$$\eta = \frac{T'O}{KO} = 1.88$$

与图 6-7 的图解结果一致。

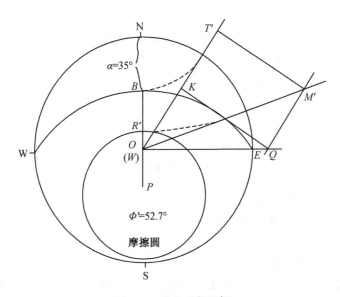

图 6-8　稳定系数图解

纯自重作用的单滑面边坡的稳定性的图解分析方法与图 6-4、图 6-7、图 6-8 的方法完全相同。这类边坡若失稳破坏,必然同时满足两个条件:

(1) 边坡的倾角大于滑动面的倾角,并且滑动面必须在边坡面上出露;

(2) 滑动面的倾角大于其摩擦角(或考虑了滑动面的内聚力作用的等效摩擦角)。

在赤平极射投影图上,摩擦圆将同时与边坡面和滑动面的投影大圆相交,如图 6-9。图中斜线部分代表在边坡面倾角和滑动面的摩擦角一定的条件下,对于滑动面的倾角而言的不安全区,滑动面的投影大圆若落在这个区域之外,则边坡就是稳定的。

对于其他的单滑面块体,例如在地下洞室的洞壁上或边坡上的块体,在对它们的受力条件作一定简化,假定它们是纯自重作用的自由滑移体的条件下(即假定非滑动面的结构面的抗拉强度等于零,因而块体上部的岩体对其无悬吊作用,并且来自块体上部及其周围岩体的荷载等于零),也可以用相同的方法作出它们的稳定性的图解分析。

【**例 6-1**】广州 065 工程 18 m 深基坑边坡稳定分析。

该工程基坑长 72 m,宽 62 m,深 18 m,西侧离坑边 8 m 有东建大厦和民房群,基坑开挖前用锚拉桩护壁,因桩短(长 8 m),且锚索锚固端在不稳定岩体内,因此将基坑西北角挖到底时导致了西壁滑坡(图 6-10),护壁桩连同锚索以及三栋二层楼房一齐滑入坑底。当基坑

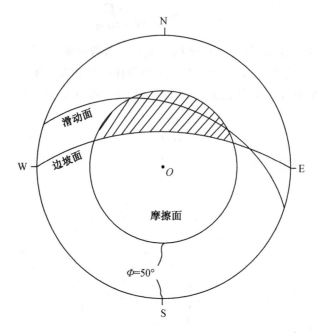

N

滑动面

W · O E

边坡面

摩擦面

Φ=50°

S

图 6-9 摩擦圆投影

全部挖到底时,试分析各边壁的稳定情况。

场区堆积有 1~5 m 厚的第四系松散覆盖层(自上面下由人工填土,淤泥质亚黏土、黏土、重黏土)和强风化岩石,其失稳取圆弧破坏模式[图 6-11(a)]。

西壁下部之中,微风化基岩结构面产状为走向 N45°W,倾向 NE,倾角 44°,其倾向与临空面指向大体一致[图 6-11(b)],其失稳取顺层平面滑动模式。东壁下部之中,微风化基岩结构面产状与西壁相关,但其倾向与临空面指向基本相反[图 6-11(c)],于稳定最为有利。边壁若失稳,取倒倾破坏模式。南、北二壁下部之中,微风化基岩结构面也与西壁相同,但其倾向与临空面指向近乎垂直[图 6-11(d)、图 6-11(e)],其稳定性好于西壁而差于东壁。而北壁的稳定性又好于南壁。

下面仅以西壁 A-A 断面(图 6-10)为例求边壁的稳定系数。

图 6-12 为西壁 A-A 断面图,基岩结构面在坑壁出露处的深度为 16.8 m。结构面为软页岩夹层,其内摩擦角 $\varphi=30.5°$,黏聚力 $c=45.1$ kPa。东建大厦 21 层,片筏基础,其位于滑块上的重量:

$$W_1 = 21 \text{ 层} \cdot 2 \text{ t/层} \cdot \text{m}^2 \cdot (4 \text{ m} \cdot 12 \text{ m}) = 2\ 016 \text{ t}$$

松散覆盖层及强风化岩石层重:

$$W_2 = 2 \text{ t/m}^2 \cdot (8 \text{ m} \cdot 27 \text{ m} \cdot 5 \text{ m}) = 2\ 160 \text{ t}$$

下部中、微风化基岩模块重:

$$W_3 = 2.6 \text{ t/m}^2 \cdot 0.5 \cdot (12 \text{ m} \cdot 11.8 \text{ m} \cdot 35 \text{ m}) = 6\ 443 \text{ t}$$

总重:

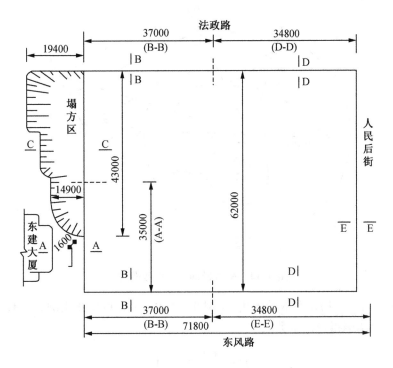
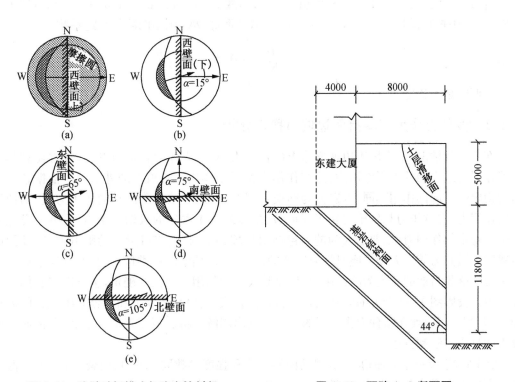

$$W = W_1 + W_2 + W_3 = 10\ 619\ \text{t}$$

图 6-10　滑坡后的 065 工程基坑平面图

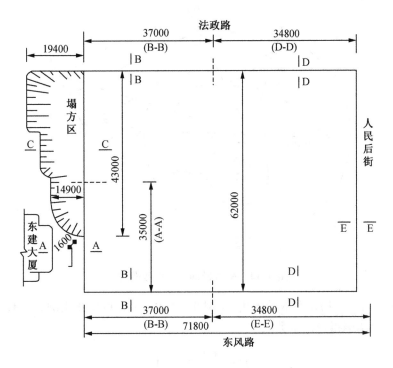

图 6-11　边壁破坏模式与稳定性判断

图 6-12　西壁 A-A 断面图

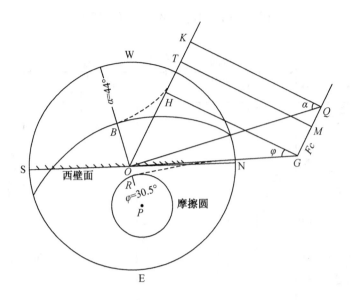

图 6-13   A-A 断面稳定系数图解

按照图 6-7 所示的稳定系数图解法,在图 6-13 中使 *OQ* 按作图比例等于 **W**。若不考虑结构面 *c* 值,则由图测得稳定系数:

$$\eta = \frac{HO}{KO} = 0.61$$

若考虑 *c* 值,因 $F = 11.8 \text{ m} \cdot 35 \text{ m} = 413 \text{ m}^2$,故 $F \cdot c = 413 \text{ m}^2 \cdot 4.51 \text{ t/m}^2 = 1\,862.6 \text{ t}$,在图 5-41 中按作图比例作 $GM = F \cdot c$,并作 *MT* 垂直 *OK*,则由图测得稳定系数:

$$\eta = \frac{TO}{KO} = 0.86$$

故西壁是不稳定的。

6.2.2   多种力作用下单滑面边坡的稳定分析

在大多数情况下,作用于边坡岩体上的作用力,除了岩体的自重力以外,常常还有其他自然作用力或人为的工程作用力,这些作用力都属于作用在边坡上的外部力。根据它们对边坡稳定性所起的作用不同,可以分为两类:一类是促进边坡失稳滑动的作用力,包括地下水的作用力(渗透压力和扬压力)、工程荷载、地震或人工爆破的振动作用力等;另一类是维护边坡稳定的作用力(主要是人为的),包括由护坡挡墙、抗滑桩等形成的阻滑力,以及预应力锚索的锚固力等。大坝拱座对坝肩边坡的推力,有的属于前一类作用力,有的属于后一类作用力。这些自然的和人为的作用力,只要其大小和作用方向已经确定,也可以将它们纳入赤平极射投影图上,配合力的矢量图,求出组合(合成)的滑移驱动力和组合摩阻抗力的大小和作用方向,对边坡在多种力作用下的稳定性做出图解分析。下面仅举三个例题,说明图解分析的具体步骤和方法。

【例 6-2】设一单滑面边坡,其滑动面的产状和强度参数同图 6-4(内聚力 *c*=0)。假定地下水扬压力沿滑动面作用并均匀分布,作用于滑动面上的总扬压力 $\boldsymbol{u}_f$,等于滑动面单位面积上的扬压力与滑动面面积的乘积,选取其数值大小等于作用于滑动面上的滑移体重力 W 的 1/3。它按矢量加到 W 上去,将产生一个与重力 W 的作用方向呈 15°夹角的合力 $W+u_f$ 为作用于滑移体上的组合滑移驱动力,如图[6-14(a)]。显然,滑移驱动力与滑动面的夹角减小了。因此,扬压力 u_f 的直观作用是增大了滑动力 S(实际上是扬压力的浮托作用减小了作用在滑动面上的正压力,因而减小了抗滑力 T),驱动滑移体沿滑动面向下滑动。

在赤平极射投影图上,沿滑动面的倾向线 BO 取一点与圆心 O 相距 15°,为组合滑移驱动力 $W+u_f$ 的投影[图 8-14(b)],它落在摩擦圆之外,说明滑移体将失稳下滑。这时,滑移体的稳定系数:

$$\eta = \frac{\mathrm{tg}40°}{\mathrm{tg}(35°+15°)} = 0.7$$

用图解法求滑移体的稳定系数值时,同样将投影图覆于投影网上,使直线 BO 与投影网的 SN 线重合,将 B、$W+u_f$、R 三点沿纬线移至基圆,得 L、Q、F 三点。连接 OL、OQ、OF,在 OQ(或其延长线)上取任一长度 OM,设其按作图比例尺等于组合滑移驱动力 $W+u_f$ 的数值。过 M 点作一直线平行 OL,与 OF(或其延长线)相交于 G 点。自 M,G 两点各作一直线垂直 OL(或其延长线),分别与其相交于 K、H 两点。OH 为抗滑力 T、OK 为滑动力 S,由 OH 和 OK 的长度求得滑移体的稳定系数:

$$\eta = \frac{OH}{OK} = 0.7$$

与上面的计算结果相同。

如果考虑到地下水沿滑动面向下渗透产生的渗透压力(它也增大滑动力),滑移体的稳定系数将更小。

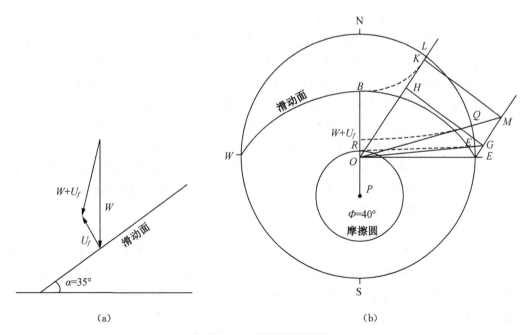

图 6-14　稳定系数图解

【例 6-3】 假定边坡滑移体除了受自重力作用以外，还受到一个作用方向与滑动面的走向一致的水平推力 S_h 由东向西的推移作用（这种现象有时在坝肩边坡中可能遇到）。在这种条件下对滑移体进行稳定分析时，首先要对滑动的方向作出判断。

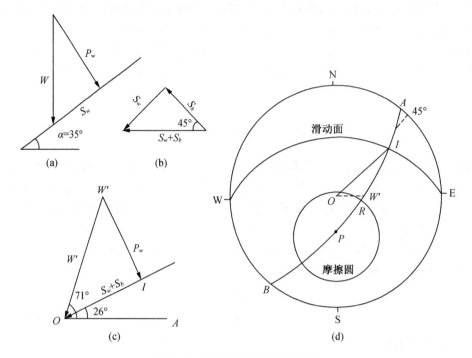

图 6-15　滑移方向与稳定性分析

现设水平推力 S_h 的大小与由重力 W 产生的沿滑动面倾向的滑动力 S_w [图 6-15(a)] 相等。按矢量合成原则，S_h 和 S_w 相加将产生一个组合滑动力 S_h+S_w。在滑动面上，S_h+S_w 与 S_w 的夹角为 45° [图 6-15(b)]。将投影图覆于投影网上，使滑动面的走向线与投影网的 EW 线重合。这时，滑动面投影大圆与投影网的 45°纬线相交于 I 点。连接 IO，即为组合滑动力 (S_w+S_h)，在滑动面上的作用方向和倾角，也就是边坡滑移体在自重力 W 和水平推力 S_h 共同作用下的可能滑移方向和倾角，与滑动面的倾向方向不一致了 [图 6-15(d)]。

根据库仑公式，滑移体的稳定性计算，必须在包括滑动方向并垂直于滑动面的平面内进行。对于这个边坡滑移体的稳定性的分析计算，应该在包括滑动面的法线 PO 和滑动方向 IO 的平面内进行。因此，在赤平极射投影图上作滑移体的稳定性评价和分析计算时，首先过 P、I 两点作一平面 [如图 6-15(d)]，为 $AIPB$ 大圆。然后再确定组合滑移驱动力 W' 和摩阻抗力 R 在这个平面上的方向或其投影。

组合滑移驱动力 W' 可以根据组合滑动力 S_w+S_h 求得，为此，作图 [6-15(c)]，首先，作 $\angle IOA$ 等于 IA 弧段的弧度 [由图 6-15(d) 读得为 26°]。并取 IO 按作图比例等于 S_w+S_h。然后，过 I 点作 IO 的垂线，并取 IW' 等于图 6-15(a) 中的 P_w。连接 $W'O$，即为所求的组合滑移驱动力 W'。显然，W' 就是重力 W 和水平推力 S_h 的合力。由图测得 $\angle W'OA=71°$。在投影图 $AIPB$ 上读取 AW' 弧段等于 71°，W' 与圆心 O 的连线 $W'O$ 就是组合滑移驱动力的投影。以 P 点为中心，滑动面的摩擦角 φ 为半径作摩擦圆，它与 $AIPB$ 大圆相交于 R。联 RO，就是相应于滑动方向 IO 的摩阻抗力的投影。

将上面的作图过程反转过来,先作矢量图求出重力 W 和水平推力 S_h 的合力 W' 及其投影,然后,过 P、W' 两点作一平面为大圆 $AW'PB$,它与滑动面的投影大圆交于 I 点。连 IO,为滑移体在重力 W 和水平推力 S_h 共同作用下的滑移方向。两种作图方法的结果是相同的。

由图 6-15(d)可见,W' 点落在滑动面的摩擦圆之外,滑移体的稳定系数将小于1,处于不稳定状态。将投影图覆于投影网上,使 A、B 两点与投影网的 S、N 重合,然后,再将 I、W'、R 三点沿纬线移至基圆,得出滑动方向,滑移驱动力和摩阻抗力三者在计算平面 $AIPB$ 翻转至水平位置后的方位关系,就可以图解求出滑移体的稳定系数值。

由上面的分析可知,对于单滑面滑移体而言,当作用于滑移体的作用力的合力的方位于滑动面的倾向方位不一致时,滑移体的滑动方向就与滑动面的倾向方向不一致。同时,根据以上分析,可以作出图 6-16,表示作用于滑移体上的作用力的合力的投影落在投影图的不同部位时,滑移体可能产生滑动的方向,如果合力的投影落在投影图画斜线的部分,滑移体将被抬起,它的失稳破坏形式就不再属于滑动范畴了。

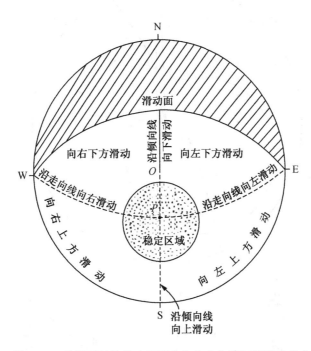

图 6-16 单滑面结构体在不同方向合力作用下的滑动方式

【例 6-4】设一坝肩边坡,滑移面倾向下游偏河床,具备侧向和横向切割面,并且滑移方向不受切割面控制,为单滑面边坡。作用于边坡滑移体上的作用力有滑移体和坝体的重力 W,顺河之纵向水平推力 H_a 侧向切割面的渗透水压力 H_b,以及作用于滑动面的地下水扬压力 u_f。设这些作用力的大小已知,并均匀地作用在边坡滑移体上。

将滑动面和各作用力绘于赤平极射投影图上,如图 6-17(a)。图上 WSE 大圆为滑动面的投影,其产状为 $90°/S\angle30°$,H_aO 为纵向水平作用力的投影,H_bO 为侧向水平推力的投影,u_fO 为地下水扬压力的投影(由于它垂直于滑动面,所以 u_f 点与滑动面的极点 P 重合),滑移体和坝体重力 W 的投影为圆心 O。

在对此坝肩边坡进行稳定分析时,首先按图 6-15 的方法,根据各作用力的大小和作用方向,将它们组合,求得它们的合力,即组合滑移驱动力 W' 的大小和方向,并作出它的投影。为此,先作矢量图 6-17(b)和图 6-17(c),求得纵向水平推力 H_a 与侧向水平推力 H_b 的合力 H_{ab},它的投影为 $H_{ab}O$,重力 W 与扬压力 u_f 的合力 $W+u_f$。它的投影为 $(W+u_f)O$。再作矢量图 6-17(d),求得 H_{ab} 和 $W+u_f$ 的合力 W',为组合滑移驱动力,它的投影为 $W'O$。

然后,过滑动面的极点 P(即 u_f)和 W' 作一平面,为 u_fW' 大圆,它与 WSE(滑动面)大圆相交于 S 点,连 SO,就是滑移体在以上诸作用力共同作用下的滑移方向。以 P 点为中心,以滑动面的摩擦角 φ($c=0$ 时)或等效摩擦角 φ($c\neq0$ 时)为半径作一摩擦圆,它与 u_fW' 大圆相交于 R 点。连 RO,为相应于 SO 滑动方向的摩阻抗力的投影[图 6-17(a)]。

由图可见,组合滑移驱动力 W' 落在摩擦圆之外,此坝肩边坡处于不稳定状态,它将沿 SO 所指的方向向下滑动。由图读得 SO 倾向 S25°E,倾角 28°。

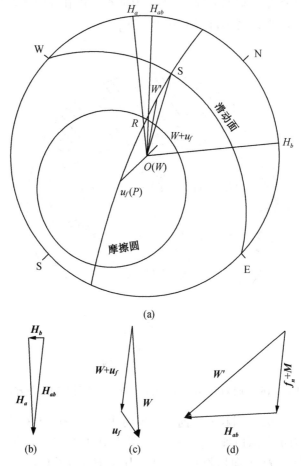

图 6-17 多种力作用下的稳定分析

6.3 双滑面块体稳定分析

由两个滑动面控制的双滑面块体,是边坡和地下洞室中最为常见的可能滑移体。对于双滑面块体的稳定分析计算,赤平极射投影方法显示了更大的优越性。在赤平极射投影图上,能够非常方便地确定块体滑移的方向和倾角,进而可以求出相应于滑动方向的组合摩阻抗力的作用方向,或确定组合摩擦角。这样,就可以按上一节中分析平面滑动的图解方法,对双滑面块体的稳定性作出初步评价或进行稳定系数的分析计算。

6.3.1　纯自重作用下双滑面块体稳定分析

6.3.1.1　滑动方向的确定

一边坡岩体被结构面(1)和(2)切割,构成一个双滑动面的可能不稳定块体,如图 6-18 (a)。两结构面的产状和摩擦角值如表 6-1。

作结构面(1)和结构面(2)的赤平极射投影图,分别为极点 P_1 和极点 P_2 [图 6-18(b)]。过 P_1、P_2 两点作一平面,为 P_1P_2 大圆。这个平面的极点 I 与圆心 O 的连线 IO,就是两结构面的组合交线。

表 6-1　两结构面的产状和摩擦角值

结构面	走向	倾向	倾角	摩擦角 φ
(1)	$N20°E$	SE	$60°$	$\varphi_1 = 40°$
(2)	$N40°E$	SW	$60°$	$\varphi_2 = 30°$

所有类似于图 6-18(a)的结构状态的双滑面块体,在重力作用下,两结构面均受压而不可解脱,滑移块体处于双面约束状态,它的滑移方向只能是两结构面组合交线的倾斜方向。也就是说,在自重状态下,双滑面块体只可能沿着两结构面组合交线 IO 的倾向和倾角向下滑动,两结构面同时都是滑动面。由图 6-18(b)读得 IO 的倾向为 $S11°E$,倾角等于 $41°$。显然,对于每一个结构面而言,这个滑动方向都与本身的倾向不一致。

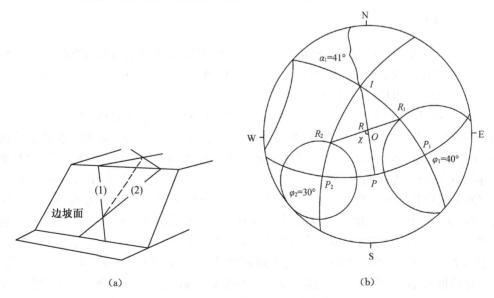

(a)　　　　　　　　　　　　　　　(b)

图 6-18　双滑面投影及立体示意图

6.3.1.2 组合摩阻抗力面与组合摩阻抗力作用方向

双滑面块体的稳定状态,由两个滑动面的抗剪强度控制。当它失稳下滑时,每个滑动面都将有一个相应于滑动方向 IO 的摩阻抗力和摩阻抗力作用方向。若再求它们的合力,则可得出两滑动面相应于滑动方向 IO 的组合(合成)摩阻抗力及其作用方向。

如上所述,双滑面块体的滑动方向与每个滑动面的倾向都不一致。因此,需要首先按照图 6-15(b) 的图解原理和方法,分别求出每个滑动面的摩阻抗力的作用方向,如图 6-18(a),过滑动面(1)的极点 P_1 和 I 点作一平面,为 P_1I 大圆。以 P_1 为中心,φ_1(等于 40°)为半径作一小圆,为滑动面(1)的摩擦圆,摩擦圆的上半圆与 P_1I 大圆相交于 R_1 点。连 R_1O,为滑动面(1)上相应于滑动方向 IO 的摩阻抗力的作用方向。同理,过滑动面(2)的极点 P_2 和 I 点作一平面,为 P_2I 大圆。以 P_2 为中心,φ_2(等于 30°)为半径作一小圆,为滑动面(2)摩擦圆。摩擦圆的上半圆与 P_2I 大圆相交于 R_2 点,连 R_2O,为滑动面(2)相应于滑动方向 IO 的摩阻抗力的作用方向。

滑动面(1)和滑动面(2)上的摩阻抗力的作用方向 R_1O 和 R_2O 已知,它们的矢量合成的方向,即组合摩阻抗力的作用方向必然在包括 R_1O 和 R_2O 的平面上。因此,过 R_1O 和 R_2O 作一平面为 R_1R_2 大圆。这个平面就称为组合摩阻抗力作用面,简称摩阻抗力面,它代表了该双滑面块体的稳定系数等于 1 的联合极限平衡条件。

双滑面块体与单滑面块体的滑动情况有一个显著的不同,单滑面块体的滑动方向密切地随滑移驱动力的作用方向发生变化,对应于每一个滑移驱动力作用方向都有一个相应的滑移方向。但是,对于双滑面块体,在满足双滑面滑动状态的条件下(参阅图 6-26),不管滑移驱动力的方向如何,其滑动方向只能是两滑动面的组合交线的方向,因此,根据库仑公式,它的稳定性计算,应该在包括滑动方向和滑移驱动力(这里仅为重力)的平面内进行。如图 6-18(b),过 I、O 两点作一平面,为通过 I、O 点所画的一条直线,它与组合摩阻抗力面 R_1R_2 大圆相交于 R 点,RO 即为该双滑面块体在重力作用下的组合摩阻抗力的作用方向。

6.3.1.3 组合摩擦角

在赤平极射投影图上[图 6-18(b)],读得组合摩阻抗力 $\boldsymbol{R}$ 与重力 $\boldsymbol{W}$(即圆心 O)之间的夹角为 χ,滑动面组合交线 IO 的倾角为 α_1,就可以按照公式(6-3)求出该块体在重力作用下相应于滑动方向 IO 的组合摩擦角 α_1。

由图 6-18(b) 读得 $\chi=7°$,$\alpha_1=41°$,因 RO 与 IO 倾向一致,χ 取正值,求得 $\varphi_1=40°$。显然,φ_1 也就是 P_1 点(以 IO 为倾向线的假想平面的极点)和 R 点之间的角距。在单滑动面条件下,由于摩阻抗力面的投影是以滑动面的极点 P 为中心的一个小圆。因此,不管滑移驱动力的作用方向为何,摩擦角 φ 都保持不变,为一常数。也就是说,不管在什么方向上,P 点与 R 点之间的角距是固定不变的。但是,对于双滑面块体,其组合摩阻抗力面的投影不是以 P_1 点为中心的一个圆。因此,当 R 点因滑移驱动力的作用方向不同而位于 R_1R_2 圆弧上的不同位置时,P_1 点与 R 点之间的角距就要发生变化,因而具有不同的组合摩擦角值。

若以 P_1 点为中心,作一小圆与 R_1R_2 大圆相切,切点为 D(图 6-19)。此小圆的半径,即组合摩擦角值最小,如图为 46°。也就是说,对于造成该块体沿 IO 向下滑动的临界滑移驱动力来说,其作用方向与 DO 的方向一致时将具有最小的数值。但是,一般来说,这种差别是

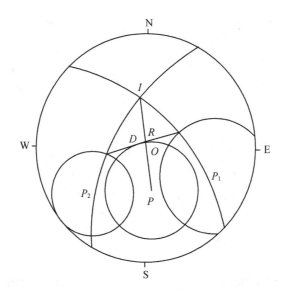

图 6-19 双滑面的摩擦圆投影

不大的,在两滑动面的产状比较对称,抗剪强度相差不大时,这种差别更小。

6.3.1.4 稳定评价与分析计算

以上通过作图求出了双滑面块体的滑动方向和倾角,以及两滑动面相应于滑移驱动力作用方向和滑移方向的组合摩擦角,也就将双滑面问题变成了平面滑动问题。这样,双滑面块体的稳定性评价和稳定系数的分析计算就非常容易了。

在赤平极射投影图上,如果重力 W 的投影 O 点位于组合摩阻抗力作用面 R_1R_2 的下方,也就是 R_1R_2 大圆与两滑动面的组合交线相交时,说明组合摩阻抗力与滑动线的夹角小于重力与滑动线的夹角,因而抗滑力比滑动力大(其原理如图 6-6),稳定系数大于 1,块体处于稳定状态,如图 6-18(b)。在图 6-20 的情况下,组合摩阻抗力面 R_1R_2 与滑动面组合交线 IO 不相交,说明组合摩阻抗力与滑动线的夹角大于重力与滑动线的夹角,因而抗滑力小于滑动力,稳定系数小于 1,块体将沿滑动线向下滑动。如果组合摩阻抗力面与圆心 O 正好相切,则抗滑力等于滑动力,稳定系数等于 1,块体处于极限稳定状态(图 6-21)。这时,组合摩阻抗力面为一通过圆心 O 点并垂直于赤平面的平面,它的投影为通过 O 点的一条直径。

在图解计算双滑面块体的稳定系数时,如果两滑动面的内聚力均等于零,则稳定系数的大小与块体的重量和滑动面的面积无关,按图 6-7 的图解原理和方法,求得图 6-18 的块体的稳定系数(图 6-22):

$$\eta = \frac{HO}{KO} = 1.2$$

如果两滑动面的内聚力不等于零,则需先求出块体的重力和两滑动面的面积。现设滑动面(1)和滑动面(2)的内聚力分别为 c_1 和 c_2,它们的面积分别为 F_1 和 F_2,块体的重力为 W,其稳定系数的图解方法有:

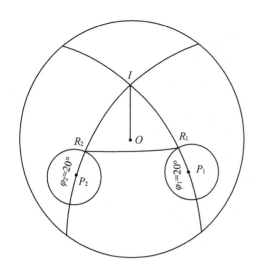

图 6-20　双滑面的摩擦圆投影　　　　图 6-21　双滑面的摩擦圆投影

图解法 I

如图 6-22，取 OQ 按作图比例尺等于块体重力 W。延长 QG，取 GM 等于 $F_1 \cdot c_1 + F_2 \cdot c_2$，得块体的稳定系数

$$\eta = \frac{TO}{KO}$$

图解法 II

根据公式(6-4)可以分别求出结构面(1)和结构面(2)的包括内聚力作用的等效摩擦角 φ_1' 和 φ_2'：

$$\operatorname{tg} \varphi_1' = \operatorname{tg} \varphi_1 + \frac{F_1 \cdot c_1}{P_1}$$

$$\operatorname{tg} \varphi_2' = \operatorname{tg} \varphi_2 + \frac{F_2 \cdot c_2}{P_2}$$

式中 P_1 和 P_2 分别为重力 W 作用在滑动面(1)和滑动面(2)上的法向分力。

如图 6-23，首先在由重力 W 和滑动线 IO 组成的垂直面上，将重力分解为平行于滑动线和垂直于滑动线的两个分力。为此，将投影图覆于投影网上，使 IOP 直线与投影网的 SN 线重合；将 O 点沿纬线移至基圆得 M 点，P 点移至基圆 N 点。连 OM、ON，在 OM 线上取线段 OQ，使其按作图比例尺等于块体重力 W，过 Q 点作一直线垂直 ON，与 ON 相交于 P' 点。OP_1' 即等于垂直于滑动线的分力 P。

然后，将垂直于滑动线的分力 P 进一步分解为作用于滑动面(1)和滑动面(2)上的法向力 P_1 和 P_2，为此，将投影图转动 $90°$，投影网的 SN 线就与投影图的 P_1P_2 平面的走向线重合。将 P_1 点和 P_2 点沿纬线移至基圆，得 G(图上 G 点与 N 点重合)、F 两点，连接 OG 和 OF。延长 OP 至 P''，使 OP'' 按作图比例等于垂直于滑动线的分力 P。按平行四边形法则将 OP'' 分解为 OP_1' 和 OP_2' 两分力，它们即分别为重力 W 作用在滑动面(1)和滑动面(2)上的法向力 P_1 和 P_2。

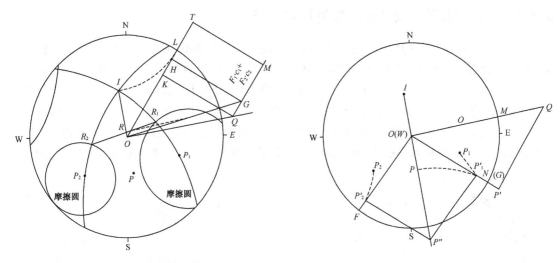

图 6-22 双滑面结构体稳定系数图解   图 6-23 重力分解

现设求得滑动面（1）的等效摩擦角 $\varphi_1'=50°$，滑动面（2）的等效摩擦角 $\varphi_2'=45°$。以 P_1 为中心，φ_1' 为半径作一摩擦圆（图 6-24），摩擦圆与 IP_1 大圆相交于 R_1' 点。以 P_1 为中心，φ_2' 为半径作一摩擦圆，与 IP_2 大圆相交于 R_2' 点。过 R_1' 和 R_2' 两点作一平面，为考虑了两滑动面的内聚力作用的等效摩阻抗力面，它与滑动线 IO 的交点 R' 为等效组合摩阻抗力的投影、由图读得等效组合摩擦角 $\varphi_1'=59°$。因此，块体的稳定系数：

$$\eta=\frac{\mathrm{tg}\varphi_1'}{\mathrm{tg}\,\alpha_1}=\frac{\mathrm{tg}59°}{\mathrm{tg}41°}=1.9$$

或用图解法为

$$\eta=\frac{HO}{KO}=1.9$$

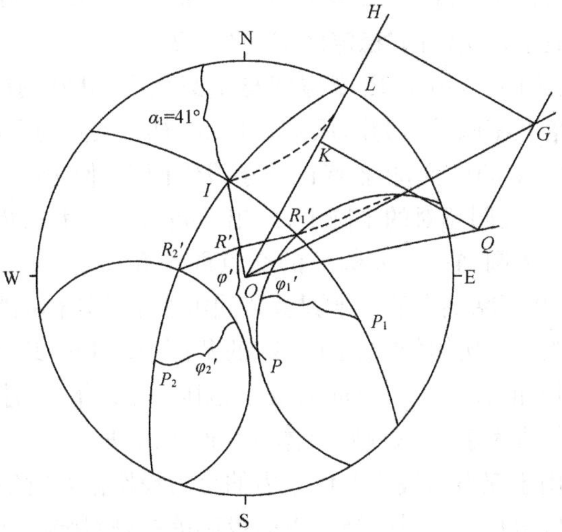

图 6-24 双滑面结构体稳定系数图解

6.3.2 多种力作用下双滑面块体的稳定分析

作用于块体上的各种作用力的合力,不一定投影于投影图的圆心上。根据以上分析可知,在赤平极射投影图上(图 6-25 条件与图 6-18 相同),如果各作用力的合力的投影 W' 落在某一摩擦圆之内,或如图 6-18(b),落在组合摩阻抗力面 R_1R_2 大圆的下方时,安全系数都超过 1,块体处于稳定状态。也就是说,两个摩擦圆的上半圆与 R_1R_2 圆弧共同组成了该块体的"稳定区域"的上边界(这里,两滑动面的摩擦圆由它们的摩擦角 φ_1、φ_2 绘出,只能作初步的稳定性评价用。若需作精确分析,则摩擦圆应由考虑了内聚力作用的等效摩擦角 $\varphi_1{}'$ 和 $\varphi_2{}'$ 绘出)。

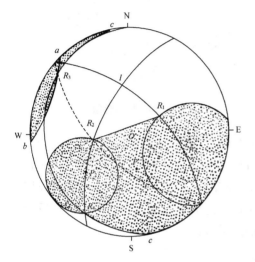

图 6-25　稳定区域的判断　　图 6-26　双滑面结构体在不同方向合力作用下的滑动方式

从图 6-25 可以看出,各个滑动面的摩擦圆与其相应的 P_iI($i=1,2$)平面大圆,除有一个上交点外,都还有一个下交点。如图所示,滑动面(2)的摩擦圆(以下简称 P_2 摩擦圆)与 P_2I 大圆的上交点为 R_2,下交点为 R_4,同理,滑动面(1)的摩擦圆(以下简称 P_1 摩擦圆)与 P_1I 大圆也将有一个下交点 R_3。如果过 R_3、R_4 两点作一平面,为 R_3R_4 大圆,则两摩擦圆的下半圆与 R_3R_4 圆弧就共同组成了该块体的"稳定区域"的下边界。

在这个赤平极射投影图上,由于 P_1 摩擦圆与基圆相交,共圆周的一部分将落在投影图相对的半圆上(也就是落在基圆外),为圆弧 ab。因此,P_1I 大圆与 P_1 摩擦圆的下交点 R_3 将落在 ab 圆弧上。为求得 R_3 的位置,将投影图覆于投影网上,使 P_1I 平面的走向线与投影网的 SN 线重合。在与 P_1I 大圆相对的半圆上,找出一条与 P_1I 大圆相对应的经线,将它绘于投影图上,如图上的虚线大圆,它与 ab 圆弧的交点即为 R_3。过 R_3、R_4 两点作一平面,为 cc 大圆。由圆弧 R_3c、R_4c 和两摩擦圆的下半圆就共同组成了该块体的"稳定区域"的下边界。

这样,就得出了该双滑面块体的"稳定区域"的范围,如图 6-25 中的阴影部分。它规定了作用于块体上各作用力的合力作用方向的安全范围,只要合力的投影是落在"稳定区域"之内,块体的稳定系数都将大于 1。否则,块体将会产生滑动。

图 6-26 给出了作用于双滑面块体上作用力的合力投影落在"稳定区域"之外的部位时,块体的不同滑动情况(与图 6-16 一样,当合力的投影落在画斜线的部分时,块体的失稳不属于滑动形式)。这样,对双滑面块体在多种力作用下的稳定分析就简便多了。

6.4 坝基块体滑移稳定分析

坝基块体一般只有一个临空面——地表面,块体位于临空面下面。因此,在自重作用下,不管结构面的产状如何,块体都处于绝对稳定状态,只有在外力如地下水扬压力、库水的推力等组合作用下,它才有可能产生滑动。在对坝基块体的稳定性进行分析时,也是首先对坝基岩体中由结构面切割构成块体的几何形状作出图解,求出作用于块体上的各种作用力和它们的合力,然后结合结构面(滑移控制面)的强度参数做出稳定性分析。

6.4.1 坝基块体的图解

坝基岩体的工程地质勘测一般都比较详细,坝基下的结构面,特别是滑移控制面的规模和位置均勘测得比较清楚。因此,用赤平极射投影和实体比例投影可以正确地求得坝基可能滑移块体的几何形状及其在坝基上的空间位置。

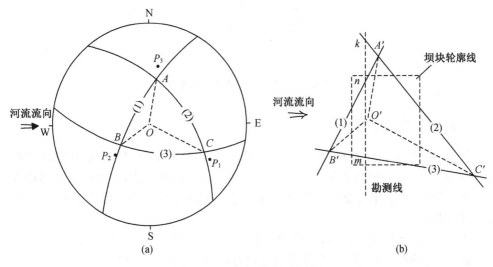

图 6-27 坝基作用力的投影

图 6-27(a)中大圆 AB 为层间软弱夹层,其产状为 $N30°E/SE∠70°$,P_1 为其极点。AC 大圆和 BC 大圆为断层面,它们的产状分别为 $N40°W/SW∠50°$ 和 $N80°W/NE∠60°$,P_2、P_3 分别为它们的极点。河流流向为自西向东,大坝轴线垂直于河流流向,为南北向。

根据这三个结构面在坝基面上的实测出露位置,结合图 6-27(a),就可以作出由它们组合构成块体的实体比例投影图,如图 6-27(b),并按作图比例尺和图 3-4 的方法求出块体的体积和各个面的面积。

6.4.2 作用于块体上的力和它们的合力

假定作用于坝基岩体上的力为总垂直力 W(包括块体自重,坝体重力等)、总水平推力 H(包括库水推力,渗透压力等)和地下水总扬压力 u_f(为作用于块体三个面上的地下水扬压力的总和)等三个力。它们的投影分别为图 6-28 中的 W(即圆心 O 上)、H 和 u_f 点。

根据 W、H、u_f 三个力的大小(这里为任意假设值)和作用方向,先求得 W 和 u_f 的合力

$W+u_f$，它的投影为 $W+u_f$ 点，然后再求出 H 和 $W+u_f$ 的合力 $H+W+u_f$，它的投影为 $H+W+u_f$ 点，如图 6-28。

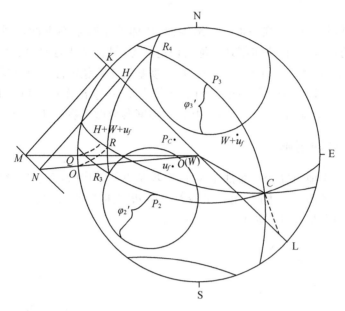

图 6-28 坝基结构体稳定性分析

6.4.3 稳定性的初步评价

由图 6-28 可见，在合力 $H+W+u_f$ 的作用下，该块体有可能沿断层面 AC 和 BC 向下游方向滑动，为一双滑面块体，软弱夹层 AB 的倾斜方向与合力的作用方向相近，因而在块体沿断层面 AC 和 BC 的组合交线向下游滑动时，它只起一个横向切割面的作用，不考虑其内聚力作用的影响。

在图 6-28 中绘出断层面 AC 和 BC 的极点 P_2 和 P_3，以及它们的组合交线 CO，设 AC 面和 BC 面的考虑内聚力作用的等效摩擦角分别为 $\varphi_2'=35°$ 和 $\varphi_3'=40°$。

首先，过 P_2 点和 C 点作一大圆 P_2C，过 P_3 点和 C 点作一大圆 P_3C。然后以极点 P_2 和 P_3 各作摩擦圆，它们分别与 P_2C 大圆和 P_3C 大圆相交于 R_3 点和 R_4 点。过 R_3、R_4 两点作一大圆，则圆弧 R_3R_4，和两摩擦圆共同组成该块体"稳定区域"的下边界。由图可见，合力 $H+W+u_f$ 的投影落在"稳定区域"的下边界的外侧，按图 6-27 的分析，此坝基将沿着组合交线 CO 向上滑动，处于不稳定状态。

6.4.4 稳定分析计算

通过 C 点和 $H+W+u_f$ 点作一大圆，与圆弧 R_3R_4 相交于 R 点。连 RO，为此坝基块体在合力 $H+W+u_f$ 作用下沿 CO 向上滑动的组合摩阻抗力的投影。将投影图覆于投影网上，使 CR 大圆的走向线与投影网的 SN 线重合。然后将 C 点、R 点、$H+W+u_f$ 点移至基圆。就可按图 6-7 的方法求得其稳定系数（图 6-28）

$$\eta = \frac{HO}{KO}$$

第七章　洞室围岩结构体稳定性图解法

在岩体中开挖地下洞室，改变了岩体中原来的应力分布状态，尤其是因开挖形成了临空面，造成了岩体发生变形和位移的自由空间。如果洞室周边围岩的强度不足以承受作用在它上面的荷载，它就会向洞室内发生变形和位移，以致失稳，向洞内塌落或滑落，造成塌方。如果不采取措施控制围岩继续变形和位移，给予支护或加固，那么塌方会进一步发展，最终或达到一种自然稳定状态（形成所谓"自然拱"），或直至把洞室空间完全填塞，再无临空面时为止。因此在地下工程建设中，为了保持洞室围岩的稳定，一般都要设置支护或衬砌，对于稳定性差或不稳定的围岩，更应及时地给予支护。

洞室围岩支护系统和支护形式的设计，无论是采用现浇混凝土支护、喷锚支护，或其他支护，都要求首先确定围岩的变形特性，给出围岩稳定破坏的可能形式和可能作用到支护衬砌上的岩石荷载。不同结构类型的岩体，其力学属性不同，强度不同，变形破坏特征也不同。因此在确定洞室围岩的变形破坏形式和可能作用到支护衬砌上的岩石荷载时，势必要根据岩体的不同结构类型，采用相应不同的分析计算方法。

目前一般认为，对于整体状结构的硬质岩体，如节理稀少的火成岩、厚层状石灰岩和大理岩等，可以将它们视为连续的弹性介质，按弹性理论进行分析计算。对于整体状结构的软质岩体如厚层、巨厚层状的黏土岩等，可以将它们视为连续的弹塑性（或塑弹性）介质，用弹塑性理论进行分析计算。对于散体状结构的岩体，如大的断层破碎带或其他强烈破碎的岩体，则应采用松散体理论或土力学理论进行分析计算。对于块裂结构岩体，以及其他结构类型岩体中明显由结构面切割构成的可能不稳定块体，则宜采用极限平衡理论的分析计算方法。

在应用极限平衡的理论和方法对块裂结构岩体和由软弱结构面切割构成的不稳定块体进行稳定分析评价时，赤平极射投影和实体比例投影方法可以简便清晰地通过图解求出可能不稳定块体的几何形状、规模大小及其在洞室中的位置，以及块体可能失稳的形式和位移的方向等，并且还可以用图解的方法作出其稳定性的分析计算。

对于在块裂结构岩体中的洞室，可以在工程勘测期间，或在初步设计阶段，根据实测结构面的发育情况（结构面的组数和产状），以及结构面强度参数的经验值，用赤平极射投影和实体比例投影的方法，通过图解分析和简易计算，对洞室围岩的稳定性作出一个初步的评价，为支护设计提供一个近似的岩石荷载的数值范围。对于由特定结构面组合构成的不稳定块体，尤其可以用类似的方法，根据结构面在洞室中的实际出露位置，对其作出具体的稳定评价。在这一章中，着重叙述采用赤平极射投影和实体比例投影方法，对洞室围岩的稳定进行图解分析。

7.1 洞顶结构体稳定性图解

结构面与临空面互相组合,可以构成各种不同形状的结构体,如四面体、五面体、六面体等,这里只论述由三组结构面和洞顶面(或洞壁面)组合构成的四面锥体的图解分析方法,五面体、六面体等多面体的图解分析方法与之类似,也可以由此引申推及。

7.1.1 洞顶四面锥体的图解

某工程洞室修建于早古生代的浅变质花岗斑岩内,岩体中发育五组结构面(节理和小断层),它们的产状如表 7-1 所示,岩体为块裂结构岩体。洞室轴线方向为 $N70°W$,毛洞跨度为 12 m,边墙高 5 m,为圆拱直墙式断面。

表 7-1 某洞室围岩的结构面产状

结构面组	走向	倾向	倾角
(1)	$N20°W$	SW	$40°$
(2)	$N50°W$	SW	$70°$
(3)	$N45°E$	SE	$75°$
(4)	EW	N	$70°$
(5)	$N80°E$	SE	$42°$

首先,根据表 7-1 所列五组结构面的产状,将它们绘于赤平极射投影图上,连接每两组结构面的投影大圆的交点与圆心 O 的连线,即为它们的组合交线。图 7-1 中(1)大圆代表结构面组(1)的投影,余同,TT 为洞室轴线方向。

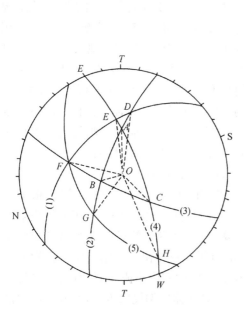

图 7-1 某洞室结构面赤平极射投影图

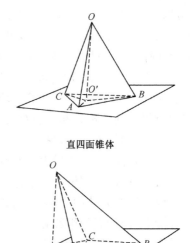

直四面锥体

斜四面锥体

图 7-2 洞顶上四面锥体的两种基本形式

根据赤平极射投影原理,可以从图 7-1 上看出,这些结构面与洞顶平面互相组合(这里设洞顶面为一水平面,它的投影即为基圆),在洞顶上可以构成许多下大上小的四面锥体,为可能不稳定体,如 ABCO、AGHO、EFCO、DFGO、BFGO 等,这些四面锥体的顶点的投影为投影图的圆心 O,它们的底面的投影分别为"三角形"ABC、AGH、EFC、DFG……同时,还可以从图 7-1 上看到,这些四面锥体的顶点 O,有的落在其底面投影的"三角形"之内,有的则落在其底面投影的"三角形"的一侧,前者属于直四面锥体,如 ABCO、AGHO 等,后者则属于斜四面锥体,如 DPGO、BFGO 等(图 7-2)。

然后,沿洞室轴线方向作洞顶平面图(假设洞顶为高程在起拱线上的一个水平面),洞室的宽度按某比例画出。在洞顶平面图上,作各组结构面的走向线,并使每三组结构面的走向线所组成的三角形在洞室宽度范围内为最大。作图时,只要使三角形的三个顶点中至少有两个分别落在洞室两边的边界线上,另一个顶点在洞室边界范围内,这个三角形即为最大。这个三角形就是由该三组结构面在洞室宽度范围内、在洞顶上所能构成的最大四面锥体的底面的形状和大小,并且这个锥体在洞壁上不会有局部支撑点。据此,可以进一步图解出锥体的高度和体积等,下面以直四面锥体 ABCO 为例图解如下:

1) 图 7-3(a)为由(2)(3)(4)三组结构面和洞顶平面组合构成的直四面锥体 ABCO 的赤平极射投影图,TT 为洞轴线方向。图 7-3(b)为洞顶平面的实体比例投影图,三角形 $A'B'C'$ 为由(2)(3)(4)三组结构面在洞顶平面上构成的最大三角形。通过 A、B、C 三点分别作 $A'O'$、$B'O'$、$C'O'$ 平行于图 7-3(a)中的结构面交线 AO、BO、CO,O' 即为直四面锥体 ABCO 的顶点 O 在洞顶平面上的垂直投影,$A'B'C'O'$ 即为四面锥体 ABCO 的实体比例投影,由于锥体位于投影平面的上方,根据第三章所叙述的原理,作图时应使结构面在实体比例投影图上的位置关系与它们在赤平极射投影图上的位置关系相反,如图 7-3(b)。

2) 通过四面锥体 ABCO 的顶点 O 作一垂直于洞轴线 TT 的垂直剖面。垂直剖面与结构面(2)(4)的交线分别为 MO 和 NO[图 7-3(a)],它们的产状由图读得为:MO 倾向 S20°W,倾角 69°;NO 倾向 N20°E,倾角 68°。垂直剖面与锥体底面三角形的交线为 $N'M'$[图 7-3(b)]。

3) 按同一作图比例尺作通过锥体顶点 O 的垂直剖面图[图 7-3(c)],将图 7-3(b)中的 $N'M'$ 移至图 7-3(c)中得 $N''M''$。过 N'' 点作 $\angle M''N''O''=68°$,过 M'' 点 $\angle N''M''O''=69°$,$N''O''$ 和 $M''O''$ 相交于 O'' 点,过 O'' 点作 $N''M''$ 的垂线 $O''Q$。$O''Q$ 即为四面锥体 ABCO 的高度 h,由作图比例尺求得 h=11.1 m。根据实体比例投影原理,h 也可以由实体比例投影图[图 7-3(b)]按公式(4-5)求出。

由以上的图解分析求得了由(2)(3)(4)三组结构面组合成的洞顶直四面锥体 ABCO 在 12 m 洞跨范围内所能形成的最大体积和高度,也就是由(2)(3)(4)三组结构面在洞顶上能达成的最大的一次塌方(指一次同时塌落)的规模和范围,从而为稳定计算和支护设计提供了依据。

以上是洞顶直四面锥体的图解情况,洞顶斜四面锥体的图解方法与之完全相同。图 7-4 表示为由(1)(2)(6)三组结构面和洞顶平面组合构成的斜四面锥体 DFGO 的实体比例投影图解。

按照同样的图解方法,可以分别求出其余的洞顶四面锥体的高度、体积和重量,得出由表 7-1 中的结构面所组成的洞顶最大可能不稳定体,即在设计洞跨范围内可能发生的最大的一次塌方的高度、体积和重量的数值范围,为洞定围岩的稳定计算和加固、设计提供了依据。

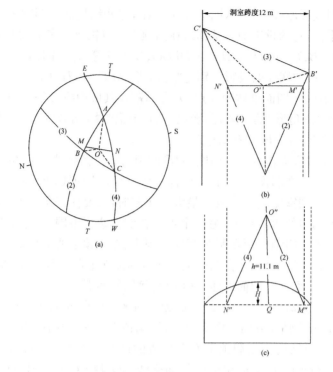

图7-3 洞顶四面锥体的实体比例投影

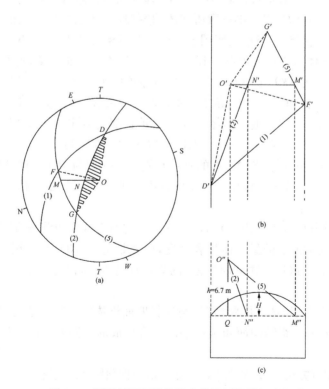

图7-4 洞顶斜四面锥体的实体比例投影(一)

7.1.2　洞顶直四面锥体的稳定条件分析

对于洞顶上的直四面锥体,若不考虑因开挖在洞室围岩中应力重分布所形成的应力状态,即不考虑锥体周围岩体将其挤住的情况时,则它纯粹是一个悬挂体。它是否能掉下,只取决于结构面的抗拉强度或内聚力。由于结构面的内聚力和抗拉强度通常都是非常小的,因此在一般情况下直接将直四面锥体的重量可能产生的岩石荷载,给于加固和支护。

对于由三组高倾角结构面构成的洞顶直四面锥体,它的高度将很大,此时就不能不考虑洞室围岩中切向力的作用,即围岩将锥体挤压住,使其掉不下来的情况。

7.1.3　洞顶斜四面锥体的稳定条件分析

洞顶斜四面锥体的稳定条件分析比较复杂。首先,它不是一个纯悬挂体。它塌落时,一般都将沿某一结构面或某组结构面滑动,因而它是一个滑移体。如果锥体的重力矢量或合力矢量落在滑动面边界以外,它可以产生转动、折断等复杂的失稳破坏形式。在这种情况下,只有通过比较复杂的计算分析,或用有限单元法才有可能做出比较精准和正确的评价。这里,只假定它是一个纯自重作用的自由滑移体,对其稳定条件作一粗略分析。

7.1.3.1　滑动面的判断

对洞顶斜四面锥体的稳定条件进行分析时,首先必须对将作为滑动面的结构面作出判断。对于这样一个空间课题,利用赤平极射投影很容易就可以得到解决。在赤平极射投影图上,通过锥体的顶点 O(即圆心),作通过锥体的不同方向的垂直剖面,如果在近圆心侧,垂直剖面只与某一组结构面相交,则这个锥体为单滑面锥体,并且近圆心侧的那个结构面即为滑动面。如图 7-1 中由结构面(1)(2)(5)组成的斜四面锥体 $DFGO$,为只沿结构面(2)滑动的单滑面锥体(图 7-4)。如果在近圆心侧,垂直剖面可以分别与某两组结构面相交,则这个锥体为双滑面锥体,近圆心侧的那两组结构面将同时作为滑动面。如图 7-1 中由结构面(2)(3)(5)组成的斜四面锥体 $FGBO$(图 7-5 为其实体比例投影)为双滑面锥体,其滑落时,同时沿结构面(2)(3)滑动(见图 7-5)。

7.1.3.2　稳定系数计算

按照纯自重作用的自由滑移体的假定,图 7-4 所示的洞顶单滑面斜四面锥体 $DFGO$ 的稳定系数 η:

$$\eta = \frac{Q \cdot \cos\alpha_2 \cdot \mathrm{tg}\phi_2 + C_2 \cdot \triangle DGO}{Q \cdot \sin\alpha_2} \tag{7-1}$$

式中:Q——锥体重量;

α_2、ϕ_2、C_2——结构面(2)的倾角、内摩擦角、内聚力(脚标代表结构面的编号,下同);

$\triangle DGO$——滑动面面积。

根据公式(4-3),$\triangle DGO = \triangle D'G'O'/\cos\alpha_2$($\triangle D'G'O'$ 可在实体比例投影图上直接量出),将其代入上式,得

$$\eta = \frac{Q \cdot \cos\alpha_2 \cdot \mathrm{tg}\phi_2 + C_2 \cdot \triangle D'G'O'/\cos\alpha_2}{Q \cdot \sin\alpha_2} \tag{7-2}$$

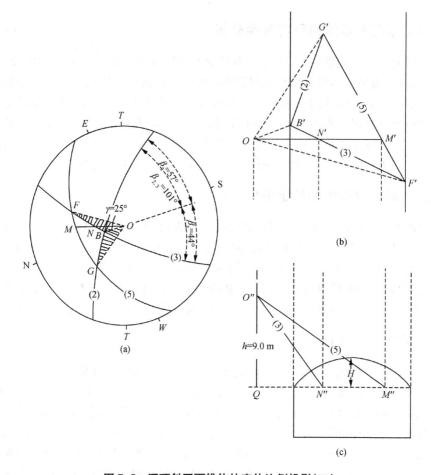

图 7-5　洞顶斜四面锥体的实体比例投影(二)

图 7-5 所示的洞顶双滑面斜四面锥体 $FGBO$ 滑落时,将沿结构面(2)和(3)的组合交线 BO 的倾斜方向滑动,它的稳定系数:

$$\eta = \frac{Q \cdot \dfrac{\cos\gamma}{\sin\beta_{2,3}} \cdot (\cos\beta_3 \cdot \mathrm{tg}\phi_2 + \cos\beta_2 \cdot \mathrm{tg}\phi_3) + C_2 \dfrac{\triangle B'G'O'}{\cos\alpha_2} + C_3 \dfrac{\triangle F'B'O'}{\cos\alpha_3}}{Q \cdot \sin\gamma} \quad (7\text{-}3)$$

式中:g——结构面(2)和(3)的组合交线 BO 的倾角;

　　$\beta_{2,3}$——结构面(2)和(3)的夹角;

　　β_2——结构面(2)与通过交线 BO 的辅助垂直面的夹角;

　　β_3——结构面(3)与通过交线 BO 的辅助垂直面的夹角。

以上诸角度均可以在赤平极射投影图上直接读出,如图 7-5(a),$\gamma = 25°$,$\beta_{2,3} = 101°$,$\beta_2 = 57°$,$\beta_3 = 44°$,式中其余符号的意义同上。洞顶斜四面锥体的稳定系数,除了可以用上面的公式计算外也可以用赤平极射投影方法图解求出。

应当指出,上面的实体比例投影图解和稳定系数计算,都是在洞室起拱线高程平面上进行的,而实际洞顶都是由起拱线往上的一个弧面。从图 7-3(c)、图 7-4(c)和图 7-5(c)中可以看出,洞室开挖时将把锥体挖除很大部分。因此提供稳定计算和支护设计的实际锥体体积,应该是上述图解所求得的体积减去挖除部分后的体积,挖除部分的锥体体积的精确计算也是很复杂的。若粗略地近似计算,可以认为挖除部分也是一个锥体,其底面面积即为上述图解求出的锥体底面积,它的高度等于起拱线至拱顶的最大高度 H,即挖除部分的体积 $V_{挖出} = \triangle A'B'C' \cdot H$(图 7-3),或 $V_{挖出} = \triangle G'D'F' \cdot H$(图 7-4)。这样计算的结果是偏安全的,对于斜四面锥体更是如此。除此之外,对洞顶斜四面锥体进行稳定计算时,作为滑动面的结构面的面积也应减去挖除部分。

7.2　洞壁块体稳定性图解

由于地下洞室的洞壁面是一个直立面,为了图解方便,可以将洞壁面由直立翻转至水平位置。与此相应,各结构面均随之翻转 90°。于是,便得出了所有结构面在洞壁面上的赤平极射投影图,这样就可以按照上述洞顶四面锥体的图解分析方法,作出洞壁不稳定块体的图解分析。具体图解步骤如下:

1) 作所有结构面的赤平极射投影图,如图 7-6(a),也是共有五组结构面(表 7-2),大圆(1)(2)(3)(4)(5)分别为它们的投影。图上 TT 表示洞室轴线方向并代表洞壁面。

表 7-2　某洞室围岩的结构面产状

结构面组	走向	倾向	倾角
(1)	$N20°W$	SW	40°
(2)	SN	E	70°
(3)	$N45°E$	NW	75°
(4)	$N70°W$	NE	50°
(5)	$N80°W$	NE	70°

2) 将洞壁面以洞室轴线 TT 为旋转轴由直立旋转至水平产状。为此,将投影图覆于投影网上,使 TT 线上各点沿纬线移动 90°,移至基圆,就将洞壁面变成了水平面。这时,洞壁面的投影即为基圆,与此相应,各结构面的投影均沿纬线按相同方向移动 90°,构成各结构面的新的投影大圆。就得出了各结构面在洞壁面上的赤平极射投影图,如图 7-6(b)和图 7-6(c)。

由于一个洞室有左、右两个洞壁,为了判别洞壁上的四面锥体是否构成可能不稳定块体,需要注意区别洞壁面赤平极射投影图代表的是哪个洞壁和洞壁面的上、下方向。如图 7-6(b)为洞壁面向右旋转 90°变为水平面后的投影图,它代表结构面在左洞壁面上的赤平极射投影,投影图的右边代表洞壁面的上方,图的左边代表洞壁面的下方,图 7-6(c)为洞壁面向左旋转 90°变为水平面后的投影图,它代表结构面在右洞壁面上的赤平极射投影,投影图的左边代表洞壁面的上方,右边代表洞壁面的下方。在这两个投影图上,岩体均在投影平面(洞壁面)的上面。

3) 在洞壁面赤平极射投影图上判别可能不稳定的四面锥体,按照洞顶四面锥体的判别方法,洞壁上的四面锥体同样有直四面锥体和斜四面锥体两种基本形式。洞壁上的直四面锥体,尽管它们的稳定情况有所区别,但都是可能不稳定体,如图 7-7。洞壁上的斜四面锥体是否构成可能不稳定体,则需要根据它们在洞壁面赤平极射投影图上的具体位置来进行判断。

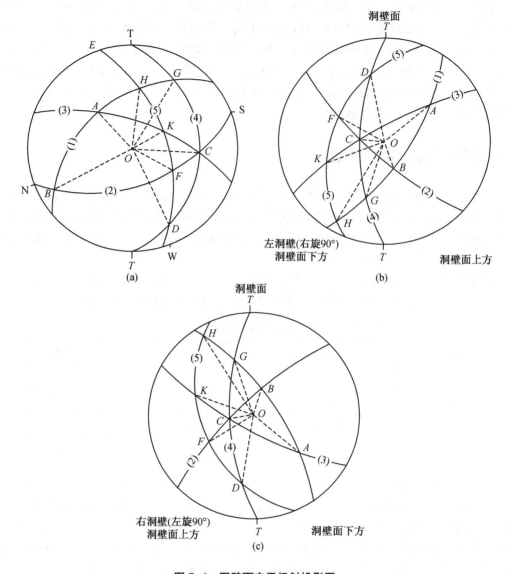

图 7-6 洞壁面赤平极射投影图

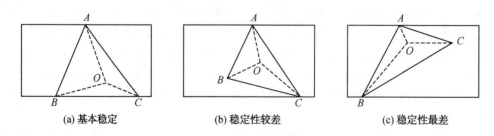

(a) 基本稳定　　　(b) 稳定性较差　　　(c) 稳定性最差

图 7-7 洞壁直四面锥体的稳定条件

4）作洞壁四面锥体的实体比例投影图，并按照与上述洞顶斜四面锥体相类似的图解分析方法，求出它们在设计洞壁高度范围内所能构成的最大锥体的深度、体积、滑动面及其面積，以及稳定系数等。

7.2.1 洞壁直四面锥体的稳定条件分析

7.2.1.1 滑动面的判断

洞壁上的直四面锥体与洞顶上的直四面锥体的情形不同，它不是一个纯悬挂体，而是一个可能塌滑体。它自洞壁塌落时，将沿某一组结构面或同时沿两组结构面滑动，下面以图 7-6(b)和图 7-6(c)中由(1)(2)(3)三组结构面和洞壁面组合构成的洞壁直四面锥体 $ABCO$ 为例作一具体分析(图 7-8)。

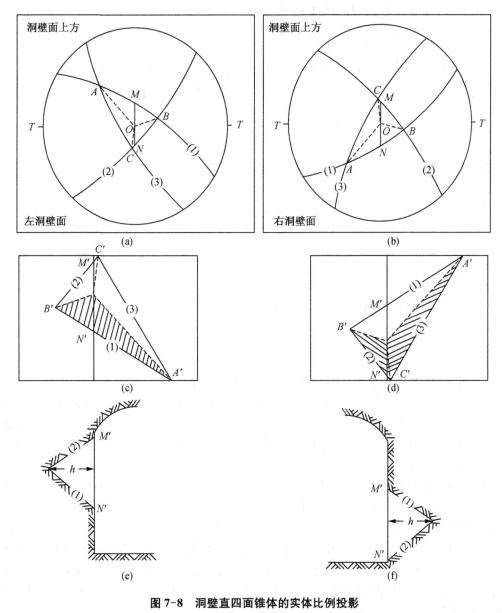

图 7-8　洞壁直四面锥体的实体比例投影

图 7-8(a)为左洞壁上锥体 $ABCO$ 的实体比例投影图。图 7-8(b)为右洞壁上锥体 AB-CO 的实体比例投影图,将两图对比一下即可发现,左洞壁上的锥体与右洞壁上的锥体的几何形状、体积和深度完全相同,但两者在洞壁上的位置和状态正好颠倒。在左洞壁上[图 7-8(a)],锥体滑落时,将只沿结构面(1)滑动,为单滑面锥体。在右洞壁上[图 7-8(b)],锥体滑落时,将同时沿结构面(2)和(3)滑动,为一双滑面锥体。

洞壁上的直四面锥体,是属单滑面锥体,或为双滑面锥体,可以简单地在结构面的赤平极射投影图上[图 7-6(a)],根据其倾向与洞壁所在方向相反的结构面将构成滑动面的原则进行判断,如结构面(1)倾向洞轴线右侧,它将在左洞壁上构成滑动面,相反,结构面(2)和(3)倾向洞轴线左侧,它们将在右洞壁面上构成滑动面,如果在洞壁面赤平极射投影图上判断,则倾向洞壁面下方的结构面就是滑动面。

7.2.1.2 稳定系数计算

按照上述计算洞顶斜四面锥体稳定系数的假定和计算公式[公式(7-2)和(7-3)],可求出洞壁上的直四面锥体的稳定系数。如左洞壁上的单滑面直四面锥体 $ABCO$ 的稳定系数

$$\eta = \frac{Q \cdot \cos\alpha_1 \cdot \mathrm{tg}\phi_1 + C_1 \cdot \Delta A'B'O'/\cos\alpha'_1}{Q \cdot \sin\alpha_1}$$

右洞壁上的双滑面直四面锥体 $ABCO$ 的稳定系数

$$\eta = \frac{Q \cdot \dfrac{\cos\gamma}{\sin\beta_{2,3}(\cos\beta_3 \cdot \mathrm{tg}\phi_2 + \cos\beta_2 \cdot \mathrm{tg}\phi_3) + C_2 \cdot \Delta B'C'O'/\cos\alpha'_2 + C_3 \cdot \Delta A'C'O'/\cos\alpha_3}}{Q \cdot \sin\gamma}$$

上二式中,α_1、α_2、α_3 分别为结构面(1)(2)(3)在洞壁面赤平极射投影图上的倾角,其余各符号的意义同公式(7-1)和(7-2)。

7.2.2 洞壁斜四面锥体的稳定条件分析

7.2.2.1 稳定条件的判断

洞壁上的斜四面锥体并不都是可能不稳定体。如图 7-9(a)所示的洞壁斜四面锥体 $ABCO$,其顶点 O 位于洞壁上方,它是一个可能不稳定体。图 7-9(b)所示的洞壁斜四面锥体 $ABCO$,它的顶点 O 位于洞壁下方,则是一个绝对稳定体。图 7-9(c)中的洞壁斜四面锥体 $ABCO$,它的顶点位于洞壁高程范围内锥体底面的一侧,它也是一个可能不稳定体。但与图 7-9(a)的情形相比,它的稳定性要好得多。

洞壁斜四面锥体的以上三种不同稳定状态,可以很容易地在洞壁面赤平极射投影图上判别出来,在洞壁面赤平极射投影图上,位于表示洞壁上方半圆内的斜四面锥体,如图 7-6(c)中的洞壁斜四面锥体 $DCKO$,属于图 7-9(a)的状态,为可能不稳定体,其实体比例投影图,如图 7-10,位于表示洞壁下方的半圆内的斜四面锥体,如图 7-6(b)中的洞壁斜四面锥体 $DCKO$,属于图 7-9(b)的状态,为绝对稳定体,其实体比例投影如图 7-11。那些横跨表示洞壁上方和下方半圆的斜四面锥体,如图 7-6(b)中斜四面锥体 $CBGO$,属于图 7-9(c)的情况,也是一个可能不稳定体,其实体比例投影如图 7-12。

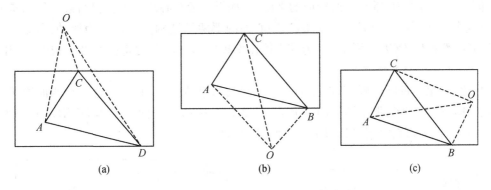

图 7-9　洞壁斜四面锥体的稳定条件

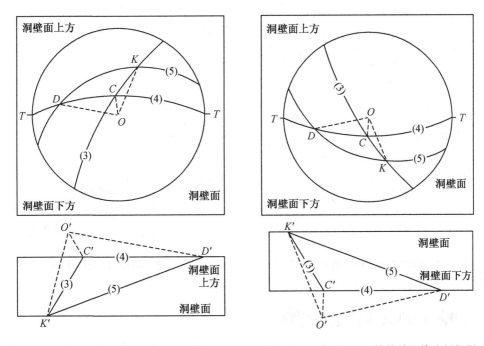

图 7-10　洞壁斜四面锥体的实体比例投影　　图 7-11　洞壁斜四面锥体的实体比例投影

对比一下图 7-6(b)和图 7-6(c)，发现二者的图形正好颠倒。如果某三组结构面互相组合，在一个洞壁上构成的斜四面锥体，是一个顶点在洞壁面上方可能不稳定体的话，那么它们在另一个洞壁上构成的斜四面锥体，必然是一个顶点在洞壁下方的绝对稳定体，反之亦然。

7.2.2.2　滑动面的判断

洞壁上不稳定斜四面锥体也是一个塌滑体，对它进行稳定分析时，同样必须首先判定它滑落时是沿某一组结构面滑落，或是同时沿某两组结构面滑动。洞壁斜四面体滑动面的判别方法与洞顶斜四面滑动面的判别方法相同，但判据正好相反。

例如，在图 7-6(c)的洞壁面赤平极射投影图上，通过斜四面锥体的顶点 O，作通过锥体

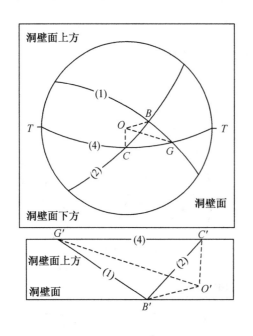
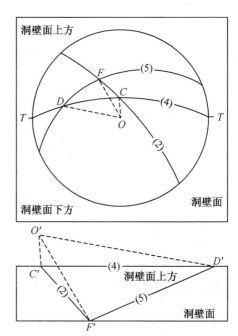

的不同方向的垂直面(垂直于洞壁面的平面)。如果在近圆心侧垂直面只与某一组结构面相交,则这个斜四面锥体为双滑面锥体,远圆心侧的那两组结构面将同时为滑动面,如图 7-6(c)的斜四面锥体 DCFO(图 7-13 为其实体比例投影),它滑落时将同时沿结构面(2)和(5)滑动。

反之,如果在近圆心侧,垂直面可以分别与某两组结构面相交,则这个斜四面锥体为单滑面锥体,远圆心侧的那组结构面为滑动面,如图 7-6(c)的斜四面锥体 DCKO(图 7-10 为其实体比例投影),它滑落时将只沿结构面(5)滑动。

图 7-12　洞壁斜四面锥体的实体比例投影　　图 7-13　洞壁斜四面锥体的实体比例投影

7.3　洞壁-洞顶块体稳定性图解

洞室围岩的稳定状况,除了应分别对洞顶和洞壁作出分析评价外,还应对同时包括洞顶和洞壁的可能不稳定块体,即洞顶-洞壁联合不稳定块体作出分析,这种同时包括洞顶和洞壁的可能塌落体,对洞室的安全威胁最大。

如果以由三个结构面和洞室表面构成的锥形体为分析对象,那么它在洞室围岩中的结构形式的剖面图将如图 7-14。显然它们都是一个底面为水平面的斜四面锥体的剖面图形。在底面为水平面的直四面锥体和斜四面锥体两种可能不稳定体中,只有斜四面锥体可以构成洞顶-洞壁联合不稳定体。因此在作出各组结构面的赤平极射投影图后,只需择出其中的斜四面锥体进一步作出洞顶-洞壁联合不稳定体的图解分析。

以图 7-15(a)中由(1)(2)(3)三组结构面和洞室表面构成的锥体 ABCO 为例,将其图解步骤简要叙述如下:

1) 作结构面(1)(2)(3)在由右拱脚线和左墙脚线构成的平面上的赤平极射投影图,将

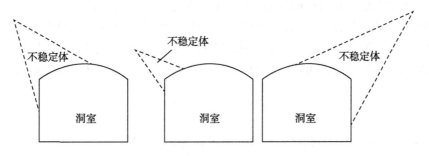

图 7-14　洞顶-洞壁联合不稳定体的剖面形式

图 7-15(a)中的结构面(1)(2)(3)绕洞室轴线 TT 水平轴向右旋转b 角(b 为右拱脚线和左墙脚线构成的平面的倾角),得图 7-15(b)。

如果在赤平极射投影图上,锥体位于洞室轴线 TT 的右侧,则作结构面(1)(2)(3)在由左拱脚线和右墙脚线构成的平面上的赤平极射投影图,将图 7-15(a)中的结构面绕 TT 水平轴向左旋转角b。

2) 作锥体 $ABCO$ 在右拱脚线和左墙脚线构成的平面上的实体比例投影图和过锥体顶点 O 的垂直剖面图,得图 7-15(c)和图 7-15(d),由此可以求出锥体的体积、重量、以及作出滑动面的判断和求出滑动面的面积等。

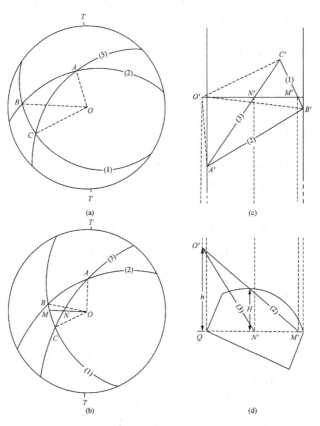

图 7-15　洞顶-洞壁联合不稳定体的图解分析

由于上面的图解是在由拱脚线和墙脚线构成的平面上进行的,图 7-15(c)表示的是锥体在该平面上的实体比例投影形态,由此得出的锥体体积,并不是锥体在洞室围岩中的实际体积。因此,在进行稳定计算时,应减去挖除部分的体积。同样,作近似计算时,挖除部分的体积也可以根据三角形 $A'B'C'$ 的面积和锥体底面至拱顶的最大高度 H 来计算,即

$$V_{挖除} = \frac{1}{3}\triangle A'B'C' \cdot H$$

实际的滑动面面积也应为图解得出的面积减去被挖除部分。

7.4 特定结构面组成的不稳定块体图解

在整体状结构或块状结构等完整性较好的岩体中,也往往会发育一些较大的软弱结构面,如小断层,层间错动破碎带等,它们常常在围岩稳定性较好的洞室中构成各种规模的局部不稳定块体,需要特殊加固和支护。

大型地下洞室工程,常常采用分部开挖,或先开挖导洞后扩大的开挖方法,有的工程还预先开挖探洞以查明地质情况。因此,可以根据预先开挖工程的地质素描和软弱结构面产状的实测资料,通过作图方法,预测地下洞室断面形成后,在拱顶和边墙上是否构成可能不稳定块体,并确定其规模大小和部位。这样就可以在洞室断面扩大开挖时采取措施以保证施工安全,并设计合理的支护和衬砌结构。

7.4.1 拱顶不稳定块体的预测

设在某洞室右边墙底导洞的侧壁上测得三条软弱结构面,它们是否在拱顶构成不稳定块体,可按如下的图解方法作出分析。

7.4.1.1 作结构面赤平极射投影图

根据实测三条软弱结构面的产状,作出它们的赤平极射投影图,如图 7-16(a),分别为(1)(2)(3)大圆,AO、BO、CO 为它们的组合交线,TT 代表洞轴线方向。

由投影原理可知,这三个特定的结构面如果与水平面切割组合,可以构成顶点在水平切割面之上的直四面锥体,也可以构成顶点在水平切割面之下的倒直四面锥体,并且其规模或大或小,锥体的这两种形态和规模的大小,完全取决于水平切割面的位置(高程)或结构面在水平切割面上的出露位置和组合状况。前一种锥体将构成拱顶可能不稳定体,后一种锥体则对拱顶稳定分析没有意义。

例如,在 P 高程水平面的 m、n、k 三点测得三条结构面 aa、bb、cc,它们的组合情况如图 7-17。当洞顶平面正好位于 P 高程上时,这三条结构面将在洞顶上构成顶点在洞顶平面之上的直四面锥体,为一可能不稳定体,其规模大小为 $ABCO$。当洞顶高程增高时,锥体的规模将随着洞顶高程的增高而减小。当洞顶高程位于 O 点以上时,由此三结构面和洞顶面组成的锥体为顶点在洞顶平面下的锥体,开挖洞室时就把它挖去了。

结构面与洞顶面组合是否在洞顶上构成可能不稳定体及其规模大小,可以通过作实体比例投影图求得。

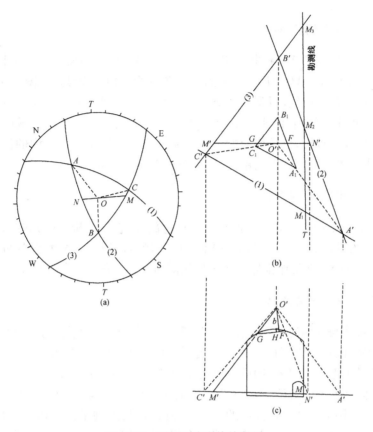

图 7-16　洞顶不稳定体的预测

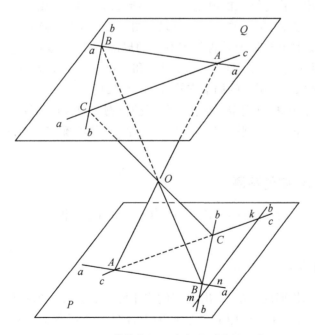

图 7-17　四面锥体与洞顶高程平面关系示意图

7.4.1.2 作实体比例投影图

作一直线平行于图 7-16(a)中的 TT 线,在其上按作图比例尺标出导洞中测得三条结构面的实际位置为 M_1、M_2、M_3(M 代表测量高程,脚标为结构面代号),如图 7-16(b)。过此三点分别作三结构面的走向线,得到三个交点 A'、B'、C'。过 A'、B'、C' 三点分别作图 7-16(a)中 AO、BO、CO 的平行线,它们相交于 O'。$A'B'C'O'$ 即为由三结构面组成的锥体在测量高程平面上的实体比例投影,三结构面的位置关系与它们在图 7-16(a)中的位置关系正好颠倒,因此是顶点在测量平面之上的锥体,有可能在拱顶构成不稳定体。

7.4.1.3 作实体比例剖面图

通过锥体的顶点 O 作一垂直于洞轴线的铅直剖面,它与结构面(2)和结构面(3)的交线为 NO 和 MO[如图 7-16(a)]。根据 MO 和 NO 的倾角,以及 M、N 两点在 M 高程上的距离 $M'N'$[如图 7-16(b)],即可作锥体的实体比例剖面图为三角形 $M'N'O'$[如图 7-16(c)]。

7.4.1.4 判断拱顶不稳定体

为了分析锥体与洞体的关系。在实体比例剖面图上根据 M 点(勘测线在剖面图上的位置)绘出设计洞室的轮廓线[图 7-16(c)],由图可见,锥体 $A'B'C'O'$ 在洞室全断面形成后,将在拱顶上保留其上部的一部分,构成不稳定体,对拱顶稳定不利。由于这一不稳定体仍为一个锥体,它的体积为 $1/3 \cdot \Delta F \cdot h$($\Delta F$ 为锥体的底面积,h 为锥体的高)。为了求得锥体的底面积,可以将剖面图上锥体与拱顶线的交点 G 和 F 反投影到平面实体比例投影图上去,由于拱顶面不是一个水平面,G、F 两点可能不在同一高程上,为安全起见,取其高程低的一点,如 G 投影于 G',绘出不稳定体在拱顶面上的底面形状为三角形 $A_iB_iC_i$,它的面积大体上即等于不稳定锥体的底面积,锥体的高度 h 可以在图 7-16(c)中直接量出为 $'$。

为了判断不稳定体在整体上是否得到洞壁的局部支撑,可以将锥体距洞轴线的最远点 A' 和 C' 投影到剖面图上,得 A'' 和 C''。连接 AO' 和 $C''O'$,如果 $A''O'$ 和 $C''O'$ 均为洞轮廓线切断,就说明不稳定体未得到洞壁的局部支撑[图 7-16(c)]。

由不稳定体的体积,即可确定可能作用到支护衬砌上的岩石荷载,由图 7-16(c),可确定各点的锚固深度,若作一系列平行图 7-16(c)的剖面,就可确定各相应剖面上各点的锚固深度。

7.4.2 边墙不稳定体的预测

设在洞室近墙 M 高程上测得三条软弱结构面,预测它是否在边墙上构成不稳定体的图解方法。

7.4.2.1 作赤平极射投影图

根据实测三条结构面的产状,作出它们的赤平极射投影图,如图 7-18(a),分别为大圆(1)、大圆(2)和大圆(3),AO、BO、CO 为它们的组合交线,EW 线为洞壁面的走向,并代表垂直的洞壁面。

在图 7-18(a)中,结构面(1)(2)(3)与洞壁面(EW 垂直面)的交线分别为 J_1O、J_2O、J_3

O。读得它们的产状为：J_1O 倾向 E，倾角 $16°$；J_2O 倾向 W，倾角 $17°$；J_3O 倾向 E，倾角 $68°$。按照基本作图法 16，还可以求得结构面交线 AO、BO、CO 在洞壁面上的垂直投影。为此，将投影图覆于投影网上，使洞壁面的走向线（EW 线）与投影网的 EW 线重合，然后将 A、B、C 三点沿其所在的经线移至 EW 线上，得结构面交线 AO、BO、CO，在洞壁面上的垂直投影为 T_AO、T_BO、T_CO，读得它们的产状为：T_AO 倾向 W，倾角 $61°$；T_BO 倾向 E，倾角 $55°$；T_CO 倾向 W，倾角 $9°$。根据 J_1O、J_2O、J_3O、T_AO、T_BO、T_CO 的产状，就可作出三结构面在洞壁面上的实体比例投影图。

7.4.2.2　作洞壁面实体比例投影图

首先作一 EW 线，为洞壁面上高程为 M 的水平线。在这一直线上按作图比例尺标出三结构面的实测出露位置，为 M_1、M_2、M_3，如图 7-18（b）。根据结构面与洞壁面的交线 J_1O、J_2O、J_3O 的倾向和倾角，过 M_1、M_2、M_3 作三条直线，它们相交于 A'、B'、C' 三点，构成三角形 $A'B'C'$。这个三角形就是由三个结构面组成的结构体在洞壁面上出露的形式，因为 A'、B'、C' 三点必然分别在结构面的三条组合交线上。因此，根据结构面组合交线 AO、BO、CO 在洞壁面上的垂直投影 T_AO、T_BO、T_CO 的产状，过 A'、B'、C' 三点相应作三条直线 $A'O'$、$B'O'$、$C'O'$，它们相交于 O' 点。$A'B'C'O'$ 即为结构体在洞壁面上的实体比例投影，O' 点为结构体在洞壁内的最深点的投影，如图 7-18（b）。

为了求得结构体在洞壁面上的实体比例投影，将洞壁面翻转至水平位置的作图原理与图 7-18 是基本相同。一个洞室有两个平行于洞轴线的洞壁面，如轴线为 EW 的洞室有南、北两个洞壁。因此，在作洞壁面的实体比例投影图时，必须注意求作图解的是哪个洞壁。

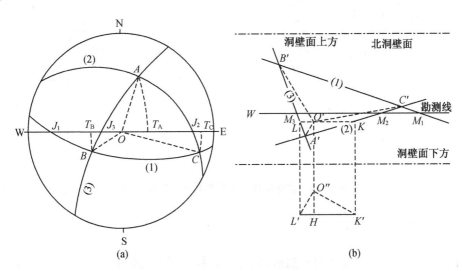

图 7-18　洞壁实体比例投影与赤平极射投影

图 7-18 的图解是代表洞室的北洞壁量测的结构面，在北洞壁构成的结构体的实体比例投影。结构体的顶点 O 位于洞壁内（洞壁的北侧），因而它在洞壁上是一个可能不稳定体。如果上述三条结构面是在洞室的南洞壁上测得的，而且三条结构面的距离和量测位置完全

相同,那么按照与图 7-18 相同的作图方法可作出结构体在南洞壁面上的实体比例投影图,它与图 7-18 是完全相同的。但是由于结构体的顶点位于洞壁面的北侧(相对于南洞壁面而言,它位于洞室内),在洞室开挖时,就把这个结构体挖去了,因而它并不在南洞壁上构成不稳定体。

同理,在采用将洞壁面翻转至水平位置的作图方法时,也必须注意区别其所代表的洞壁面,根据洞壁面上测量的结构面,作它们在北洞壁面上构成的结构体的实体比例投影图时,是将洞壁面向北转至水平位置,如图 7-19(a)(图中的结构面的产状和量测位置与图 7-18 相同)。

图 7-19(a)的作图原理与图 7-6 相同,不同的是它直接将结构面与洞壁面的交线 J_1O、J_2O、J_3O,以及结构面组合交线 AO、BO、CO,在洞壁面上的垂直投影 T_AO、T_BO、T_CO 等,随同洞壁面一起向北翻转至水平位置,得出它们在洞壁面上的平面角距关系为 J'_1O、J'_2O、J'_3O、T'_AO、T'_BO、T'_CO。据此,作出结构体在洞壁面上的实体比例投影图,如图 7-19(b),图的上方代表洞壁面的上方,结构体为 $A'B'C'O'$,它的顶点 O' 位于洞壁内,构成可能不稳定体。

如果特定的三条结构面在洞室的一个洞壁上构成不稳定体,在另一洞壁上它们必然不能构成不稳定体。

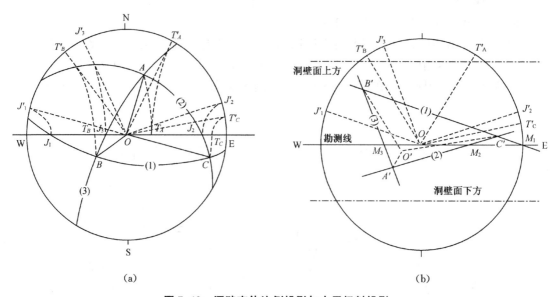

(a)   (b)

图 7-19 洞壁实体比例投影与赤平极射投影

7.4.2.3 判断不稳定体

在图 7-18(b)上绘出设计洞室边墙高度的边界,由图可见结构体在边墙上构成一个将沿结构面(2)和结构面(3)滑动的双滑面不稳定体,它的体积为 $1/3 \cdot \triangle A'B'C' \cdot h$($h$ 为结构体的深度)。

为求得结构体的深度 h,可以通过结构体的最深点 O',作一垂直于洞壁面的水平面,它与结构面(2)的交线为 KO',与结构面(3)的交线为 LO',如图 7-18(b),KO' 和 LO' 必然是结构面(2)和结构面(3)的走向线在洞壁面上的垂直投影,因此,另作与 EW 平行线 $L'K' =$

LK。过 K' 点作一直线平行于结构面(2)的走向线,过 L' 点作一直线平行于结构面(3)的走向线,两直线相交于 O'。过 O' 作 $L'K'$ 的垂线 $O'H$,即为结构面的深度 h。

根据上面的图解,就可以确定锚固的范围和各点的锚固深度,若结合结构面的强度参数,可做出结构体的稳定分析计算。

【例】某工程洞室后端墙的稳定分析

某工程洞室建于石炭系的结晶灰岩中,采取先开挖上、中、下三组导洞,然后再扩大掏心的开挖方法,在开挖左、右下导洞至后端墙部位时,均发现有一层千枚岩,倾向洞内,在中导洞内未见千枚岩层,但在左中导洞中距端墙 5 m 范围内为碎石夹泥的断层破碎带,近于散体状结构,为查明整个后端墙的岩体结构,在左、右中导洞中向前开挖了探洞,直至穿过断层破碎带。根据导洞和探洞中测得的结构面产状,绘出后端墙的岩体结构如图 7-20。

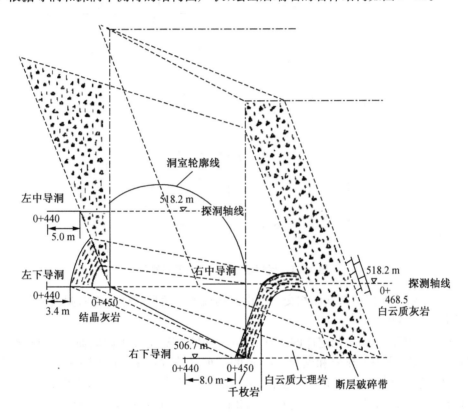

图7-20 某洞室后端岩体结构图

由图可见,千枚岩层和断层破碎带在后端围岩中组成深度达 20 m 以上的不稳定体。控制性的结构面为千枚岩层面,断层带顶面和断层带底面(断层面上均有一薄层黄色断层泥)。在导洞和探洞中量测得它们的代表性产状为:①千枚岩:$N74°W/NE\angle55°$;②断层带底面:$N84°E/SE\angle72°$;③断层带顶面:$N83°W/SW\angle72°$。

通过作结构面的赤平极射投影图[图 7-21(a),图上 TT 为洞室轴线方向,直径为后端墙面]、洞室底面高程的结构面实体比例投影图[图 7-21(b)],可以作出沿洞轴线的后端墙不稳定体的剖面图[图 7-21(c)],据此可进行其稳定性计算。

在图 7-21(c)中,取千枚岩层的底面为不稳定体的滑动面,并向上延伸切过断层带,由后

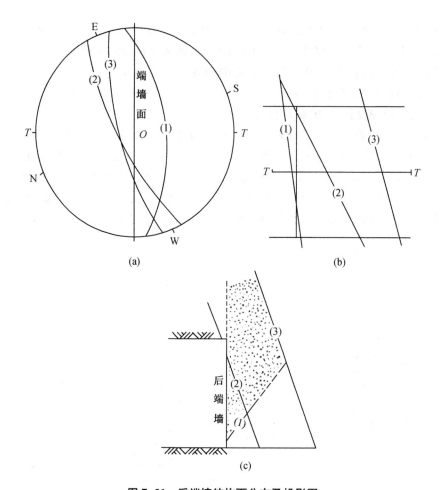

图 7-21 后端墙结构面分布及投影图

端墙向上作垂线与断层的带顶面相交。设由此构成的三角形岩体为将向洞内滑落的不稳定体,计算其稳定系数。

按作图比例尺,算出不稳定体的单宽(1 m)体积为 280 m³,滑动面面积为 18.8 m²。通过原位抗剪试验,测得千枚岩和断层破碎带的抗剪峰值强度 $\tau=1.6+\sigma\cdot tg27°(kg/cm^2)$。考虑到时间效应和其他因素,取滑动面的内摩擦角 $\varphi=27°\cdot 0.85=23°$,内聚力 $c=1.6\cdot 0.5=0.8(kg/cm^2)$ 为计算值。当岩体容重为 2.2 t/m³ 时,求得不稳定体的稳定系数:

$$\eta=\frac{280\times 2.2\times \cos55°\cdot tg23°+8.0\times 18.8}{280\times 2.2\times \sin55°}\approx 0.70$$

这个不稳定体处于很不稳定的状态,必须采取加固措施和设计强有力的衬砌。在洞室施工中,对不稳定体进行了大型锚固桩加固,并设置了四周有支点的高强度衬砌,保证了洞室后端墙的安全。

7.5 地下洞室最优轴线方向的选择

在铁路、公路和水工隧洞,以及地下厂房建设工程中,工程洞体的合理布置,尤其是主要洞室的位置和轴线方向的正确确定,是一项极其重要的工作。洞室轴线方向选择得好,施工顺利,洞室围岩稳定性好,山岩压力小,支护简单。洞室轴线方向选得不好,会给工程带来一系列的麻烦。

对于长条状洞室或线状工程,一般只要使洞室轴线的方向垂直或近于垂直构造线的方向,工程地质条件就比较有利。这样可以使洞室垂直于大型结构面(大断层层间破碎带等),并与其他结构面呈较大的交角。在存在构造应力作用的地方,它的受力条件也最为有利。对于长方形或方形的大跨度洞室,除了应该避开如断层带等大型结构面外,还应考虑结构面的发育和组合关系(岩体中往往发育多组结构面),及其对洞室拱顶、边墙稳定的影响。用赤平极射投影方法可以帮助我们选择出洞室轴线的最优方向。

如某工程地下厂房为一长方形的大型洞室,围岩为片麻状花岗岩,发育三组主要结构面:一组为片理面和小型冲断层,其产状为 $N60°W/NE\angle60°$;二组为节理,其产状为 $N15°W/SW\angle70°$;三组为最发育的节理和小断层;其产状为 $N80°E/NW\angle60°$。求其工程地质条件最为有利的洞室轴线方向。根据三组结构面的产状,作出它们的赤平极射投影图,如图 7-22。

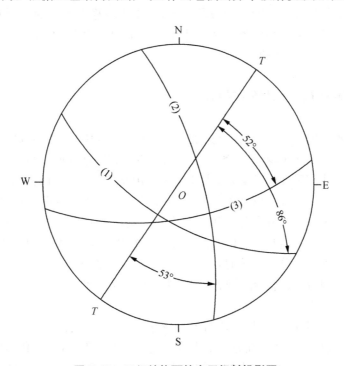

图 7-22　三组结构面的赤平极射投影图

从图上可以看出,为了使洞室轴线方向能与三组结构面均呈较大角度相交,轴线方向应在结构面(2)和(3)的走向方位之间选取。如选取洞室轴线方向为 N35°E,则它与各组结构面的交角分别为 85°、50°和 45°,均为较大锐角。同时,三组结构面与拱顶面、边墙面的夹角都比较大,分别为 60°、70°、60°和 86°、44°、54°,对洞室围岩的稳定都比较有利。但也还有局部不稳定的可能,例如,南端墙以及由三组结构面切割构成的锥形块体,将在拱顶和南边墙上构成可能不稳定块体,但这些是很难完全避免的。

第八章　边坡岩体稳定性图解分析

赤平极射投影方法和实体比例投影方法是岩质边坡（包括自然边坡和人工边坡）稳定性研究中的一个极其重要的方法。它既可以确定边坡上的结构面（包括边坡临空面）的空间组合关系，给出边坡上可能不稳定结构体的几何形态、规模大小以及它们的空间位置和分布。也可以确定不稳定结构体的可能变形位移方向，作出边坡稳定条件的分析和稳定性状态的初步评价。若结合结构面的强度条件和作用于边坡上的作用力，还可以进行边坡稳定性的分析计算，求出其稳定系数的值。

8.1　边坡岩体结构类型及其投影

大量的工程地质实践表明，无论是边坡岩体的破坏、坝基岩体的滑移，还是地下洞室围岩的塌落等岩体失稳破坏现象，大多数是沿着岩体中的软弱结构面发生的。也就是说，岩体在自重力和工程力作用下发生的破坏，主要是由于由结构面切割构成的结构体沿结构面发生剪切位移，或拉开，或发生了整体的累积变形和破裂。岩体的稳定性主要取决于：①结构面的物理力学性质及其空间分布位置和组合关系；②结构体的物理力学性质及其立体形式；③作用于岩体上的作用力（包括岩体自重力和工程作用力等）的大小和作用方向。因此，在对工程岩体的稳定性进行分析评价时，首先必须对岩体的结构进行分析。

结合工程实践，将边坡岩体结构特征划分为三种基本类型：

（1）散体结构边坡

在碎裂结构边坡岩体中，结构面非常发育密集，它们的方向散乱而不规则，并且结构面的表面比较粗糙，其形成往往是在原生节理或构造节理的基础上，在风化等外力作用下发生和发展起来的。在这类结构岩体中的边坡变形破坏，类似于土质边坡的性质。滑动面和滑动线近于弧形，如图 8-1（a）左图为边坡立体示意图；中图为边坡剖面图；右图为赤平极射投影图，大圆代表边坡面，极点代表结构面。下同）。在这类边坡中结构面对边坡的稳定破坏不起控制性的作用，其稳定性的分析可采用土质边坡的分析方法。

（2）层状结构边坡

层状结构边坡是由相互平行的一组结构面组成的。结构体为层状，以沉积岩最为典型。这些结构面的连续性都较强，并且往往因有软弱夹层存在而导致边坡失稳破坏，层状结构边坡的变形破坏主要表现为顺层滑动，断面上的滑动线为直线形，如图 8-1（b）。这类边坡的稳定性主要取决于结构面的产状和抗剪强度。

（3）块状结构边坡

块状结构边坡是由两组或两组以上不同产状的结构面组合而成的,结构体为多面体。块状结构岩体中的结构面的成因类型有两种:一种是属于原生的,如火成岩中的原生节理,它们在岩体中分布比较均匀,有一定的连续性;另一种是构造节理,它们是在岩体受构造力作用发生变形破裂时形成的,因而系统性比较分明,连续性也比较好。无论是原生节理或构造节理,它们在岩体中往往是两组或三组相互交叉出现,具有一定的组合规律。因此,在这类结构岩体中,边坡的变形破坏也明显受结构面控制,表现为由结构面和临空面围成的结构体沿某一结构面滑动,或同时沿某两个甚至某三个结构面滑动。断面上的滑动线为直线形或折线形,如图 8-1(c)。

在层状结构或块状结构边坡中,当主要结构面的倾角较陡,而且倾向坡内时,在平缓结构面的共同作用下,还可以发生倾倒式破坏,如图 8-1(d)。

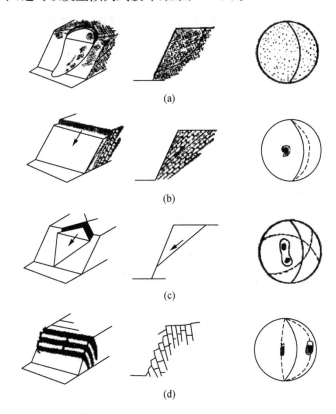

(a)

(b)

(c)

(d)

图 8-1　边坡岩体结构类型及其投影

8.2　边坡岩体滑动方向的图解

层状结构边坡或其他的单滑动面边坡。它们在纯自重力作用的情况下,沿滑动面倾向方向的滑移势能最大,即自重力在滑动面倾向方向上的滑动分力最大。因此,对于单滑面边坡,滑动面倾向方向就是它的滑移方向。

边坡受两个相交的结构面切割时,构成的可能滑移体多数是楔形体。它们在自重力作用下滑移方向一般是由两个结构面组合交线的倾斜方向控制。但也有例外,下面是根据结构面赤平极射投影图判断这类边坡滑移方向的一般方法。

在赤平极射投影图上,作出边坡面和两个结构面 J_1、J_2 的投影,绘出两结构面的倾向线 AO 和 BO,以及两结构面的组合交线 IO(图 8-2),则边坡的滑动方向有下列几种情况:

(1)当两结构面的组合交线 IO 位于它们的倾向线 AO 和 BO 之间时,IO 的倾斜方向即为滑移体的滑动方向。这时两结构面都是滑动面,如图 8-2(a);

(2)当两结构面的组合交线 IO 与某一结构面的倾向线重合时[如 8-2(b),IO 与 J_2 结构面的倾向线 BO 重合],IO 的倾斜方向也代表滑移体的滑动方向,但这时结构面 J_2 为主要滑动面,而结构面 J_1 为次要滑动面;

(3)若两结构面的组合交线 IO 位于它们倾向线 AO 和 BO 的一边时,则位于三者中间的那条倾向线的倾斜方向为滑移体的滑动方向,如图 8-2(c),结构面 J_1 的倾向线 AO 为滑动方向。这时滑移体为只沿结构面 J_1 滑动的单滑面滑移体,结构面 J_2 在这里只起侧向切制面的作用。

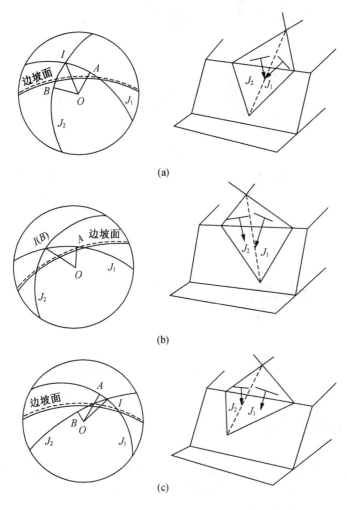

图 8-2 楔形滑移体滑动分析

8.3 边坡滑动可能性与稳定坡角推断

根据边坡岩体结构的分析,可以初步判断边坡产生滑动的可能性和作出稳定边坡角的推断,即初步确定一个稳定边坡角。根据岩体结构分析推断的稳定边坡角有两个作用:一是在边坡不高、地质条件比较简单的情况下,推断的稳定边坡角可以直接作为工程边坡设计的依据;二是在边坡较高、地质条件比较复杂时,推断的稳定边坡角可以作为进行力学分析计算的基础,最后确定一个真正安全经济的边坡角。

8.3.1 层状结构边坡的稳定条件分析

图 8-3 表示层状结构边坡,在层面(或其他结构面)走向与边坡面走向一致的条件下,边坡稳定条件的分析,可分为四种情况。

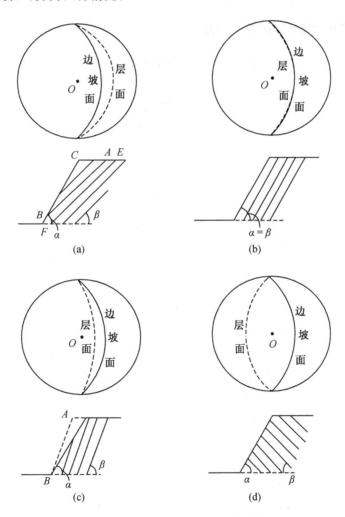

图 8-3 层状结构边坡稳定条件分析

1) 不稳定条件,层面与边坡面的倾向相同,并且层面的倾角 α 比边坡面的倾角 β 缓($\beta <$

α) [图 8-3(a)],边坡处于不稳定状态。图 8-3(a)上划线条的部分 ABC 为有可能沿层面 AB 滑动的不稳定体,但在只有一个结构面的条件下,如图 8-3(a)中的 EF,虽然其倾角较边坡角缓,但它未在边坡面上出露而插入坡 F,这时由于能产生一定的支撑,边坡岩体的稳定条件将获得不同程度的改进。

2) 基本稳定条件,如图 8-3(b),层面的倾角等于边坡角($b=a$),沿层面不易出现滑动现象,边坡是基本稳定的。这种情况下的边坡角,就是从岩体结构分析的观点推断得到的稳定边坡角。

3) 稳定条件,如图 8-3(c),层面的倾角大于边坡角($\beta > \alpha$),边坡处于更稳定状态。在这种情况下,边坡角可以提高到图上虚线 AB 的位置,使 $a=b$,才是比较经济合理的边坡角。

4) 最稳定条件,如图 8-3(d),当层面与边坡面的倾向相反,即层面倾向坡内时,不管层面的倾角陡或缓,对于滑动破坏而言,边坡都处于最稳定状态,但从变形观点来看,反倾向边坡也可能发生变形,只不过没有统一的滑动面。

8.3.2 双滑面边坡的稳定条件分析

图 8-4 表示由两个结构面组合切割构成的双滑面边坡的稳定条件的分析,可分为五种情况。

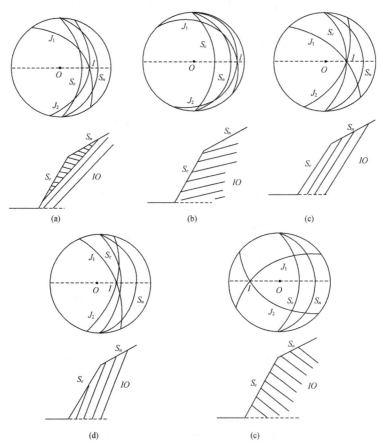

图 8-4 双滑面边坡的稳定条件分析

1) 不稳定条件,如图 8-4(a),两结构面 J_1 和 J_2 投影大圆的交点 I,位于开挖边坡面 S_c 的投影大圆与自然边坡面 S_n 的投影大圆之间,也就是两结构面的组合交线的倾角比开挖边坡面的倾角缓,而比自然边坡面的倾角陡,如果组合线 IO 在边坡面和坡顶面上都有出露时,边坡处于不稳定状态,如图 8-4(a)的剖面图所示,划斜线的阴影部分为可能不稳定体,但在某些结构面组合条件下,例如结构面的组合交线在坡顶面上的出露点距开挖边坡面很远,以致组合交线未在开挖边坡面上出露而插入坡下时,则属于较稳定条件。

2) 较不稳定条件,如图 8-4(b),两结构面 J_1 和 J_2 的投影大圆的交点 I,位于自然边坡面 S_n 的投影大圆的外侧,说明两结构面的组合交线虽然较开挖边坡面平缓,但它在坡顶面上没有出露点。因此,在坡顶面上没有纵向(边坡走向)切割面的情况下,边坡能处于稳定状态。如果存在纵向切割面,则边坡易于产生滑动。

3) 基本稳定条件,如图 8-4(c),两结构面 J_1 和 J_2 的投影大圆的交点 I 位于开挖边坡面 S_c 的投影大圆上,说明两结构面的组合交线 IO 的倾角等于开挖边坡面的倾角,边坡处于基本稳定状态,这时的开挖边坡角就是根据岩体结构分析推断的稳定边坡角。

4) 稳定条件,如图 8-4(d),两结构面 J_1 和 J_2 的投影大圆的交点 I 位于开挖边坡面 S_c 的投影大圆的内侧,因而两结构面组合交线 IO 的倾角比开挖边坡面的倾角陡,边坡处于更稳定状态。

5) 最稳定条件,如图 8-4(e),两结构面 J_1 和 J_2 的投影大圆的交点 I 位于与开挖边坡面 S_c 的投影大圆相对的半圆内,说明两结构面的组合交线 IO 倾向坡内,边坡处于最稳定状态。

图 8-4 表示两结构面组合交线的倾向方位与边坡面倾向方位一致的特殊情况。实际上,在结构面组合交线的倾向方位与边坡面倾向方位不同时,边坡稳定条件的分析判断也与图 8-4 完全相同。也就是说,在绘有结构面和边坡面的赤平极射投影图上,可以根据结构面投影大圆交点的位置,作出边坡稳定状态的初步判断。这对于在多组结构面切割条件下,初步判断结构面各种不同组合的稳定条件是十分方便的。

例如,已知一边坡发育四组结构面,它们的赤平极射投影图如图 8-5。由图 8-5 可以看出,四组结构面互相组合,共有 A、B、C、D、E、F 六个交点。这些交点中,只有结构面 J_1 和 J_2 的交点 A 位于开挖边坡面 S_c 大圆和自然边坡面 S_n 大圆之间,属于不稳定条件。因此,在对边坡的稳定性作进一步分析计算时,就可以只针对结构面 J_1、J_2 和由它们组合切割构成的结构体进行,而不必考虑其出结构面和其他组合。

8.3.3 已知结构面的产状和边坡面的走向倾向,求边坡的稳定坡角

8.3.3.1 单滑面边坡

对层面走向与边坡走向一致的层状结构边坡,它的稳定边坡角可以直接根据层面的倾角来确定。但在自然界里,大量的是岩层走向与边坡走向或多或少具有一定交角的边坡。在这种情况下,边坡的稳定坡角就不能用直观的方法作出推断。

从岩体结构观点出发,这种边坡若要发生滑动破坏,必须同时满足两个条件:

① 滑动破坏一定沿层面发生;

② 必须有一个剪断面,这个面在滑移体作用下具有最小的抗剪断强度和摩擦阻力。

不难证明,这个面必定是一个走向与层面走向垂直并垂直于层面的直立面,如图 8-6 中

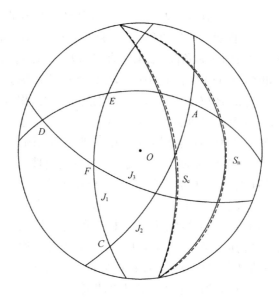

图 8-5　四组结构面切割的边坡稳定条件分析

的 *IKO* 面。在滑移体自重力作用下沿这个面剪断和滑移体滑动时,因滑移体自重力在这个面上的法向分力等于零,并且重力在层面上下滑分力与这个面平行。因此,在这个面上只有内聚力 *c* 起作用而摩擦力等于零,我们称这个面为最小剪切面。

由图 8-6 可见,层面与最小剪切面 *IKO* 组合构成了边坡上不稳定体 *AIKO*。如果为确保边坡稳定而将这个不稳定体挖掉,即得到边坡的稳定坡角。如图 8-6 中为开挖线 *GF* 与水平面的夹角 α_v。层面与最小剪切面的交线 *IO* 必定在稳定边坡面上。因此,根据图 8-6 中各个面的空间关系,若已知层面产状和边坡的走向,用赤平极射投影方法很容易就可将稳定边坡角求出。这个稳定边坡角是偏安全的,尤其是在边坡不高或层面走向与边坡面走向交角较大的情况下。

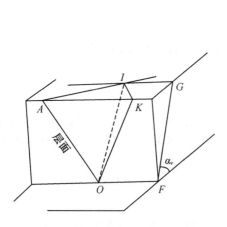

图 8-6　层面与边坡面斜交的边坡立体示意图

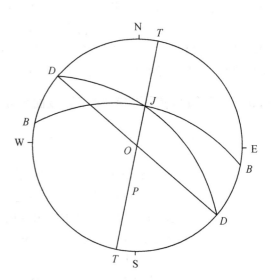

图 8-7　层面与边坡面斜交时稳定边坡角图解

例如,已知层面的产状为 N80°W/SW∠50°,边坡的走向为 N50°W,倾角 SW,图 8-6 为层面与边坡面斜交的边坡立体示意图,求边坡的稳定坡角。图解步骤如下:

1) 作层面和边坡走向线的赤平极射投影图,如图 8-7,它们分别为大圆 BB 和直径 DD。

2) 过层面的极点 P 作一直立平面,为直径 TT,它就是最小剪切面的投影。TT 与层面 BB 大圆相交于 I 点。

3) 以直径 DD 为走向线,通过 I 点作一大圆 DID,为稳定边坡面的投影,它的倾角就是所求之稳定边坡角,由图读得为 54°。

显然,如果层面的走向与边坡面的走向呈直角,则稳定边坡角 α_v 将等于 90°。当层面走向与边坡面走向一致时,稳定边坡角 α_v 就等于层面的倾角 β。也就是说,层面走向与边坡面走向的交角由 90°变到 0°时,边坡的稳定坡角将由 90°变到层面倾角 β。根据稳定边坡角 α_v 与层面倾角 β 层面与边坡面的走向夹角三者之间的关系,可以编制一个求层状结构边坡的稳定边坡角的综合投影图,如图 8-8。

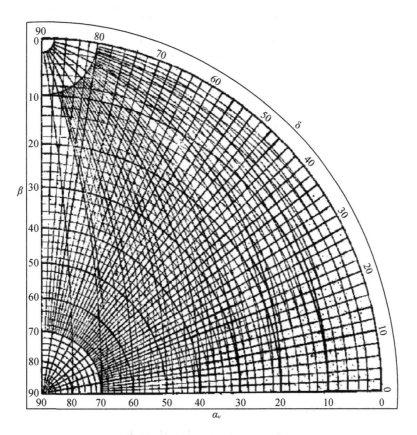

β—层面倾角;δ—层面与边坡的走向夹角;α_v—稳定坡角

图 8-8　求层状结构边坡稳定坡角的综合投影图

图 8-8 的原理很简单,就是根据图 8-7 的作图法,把层面倾角 β、层面与边坡面的走向夹角 δ、稳定边坡角 α_v 三者综合在一个 1/4 的投影平面上,从圆心 O 至圆周的角射线表示层面(或其他结构面)与边坡面的走向夹角 δ,δ 的角数据标记在圆周上。同心圆表示层面的倾角

β,β的角数据标记在垂直轴线上,赤平极射投影的经度线表示稳定边坡角 α_v,α_v的角数据标记在水平轴线上。由这个图读取稳定边坡角非常方便。

例如,已知层面倾角为 $34°$,层面与边坡面的走向夹角为 $58°$。从图 8-8 上读得标记 $\beta=34°$的同心圆与标记 $\delta=58°$的角射线的交点落在标记 $\alpha_v=52°$的经线上(图 8-8 中带箭头的虚线),即求得稳定边坡角为 $52°$。

8.3.3.2 双滑面边坡

已知两组结构面的产状和设计边坡的走向、倾向(表 8-1),求边坡的稳定坡角。图解步骤如下:

表 8-1 两组结构面的产状和设计边坡的走向、倾向值

结构面	走向	倾向	倾角
J_1	$N30°W$	SW	$60°$
J_2	$N70°E$	SE	$50°$
边坡面	$N50°W$	SW	?

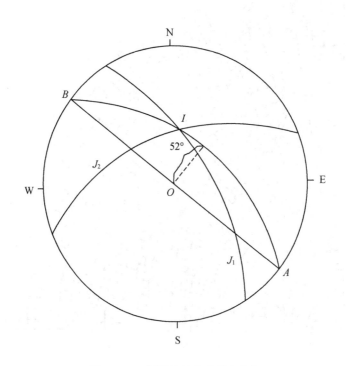

图 8-9 双滑面边坡稳定坡角图解

1)根据结构面的产状作它们的赤平极射投影图,如图 8-9,为 J_1大圆和 J_2大圆,它们相交于 I 点。

2)根据设计边坡的走向方位,在投影图上标出边坡的走向线 $A-A$。

3)将投影图覆于投影网上,使 $A-A$ 与投影例的 SN 线重合,将 I 点所在的经线绘于投影图上,即为稳定边坡面的投影,由图读得其倾角为 $52°$。

应当指出,在上述关于边坡稳定条件的分析和稳定边坡角的推断中,没有考虑结构面(滑动面)的抗剪强度,即假定其 c、φ 值均很小。因而一律把滑动面以上的岩体当不稳定体对待,不用说,这是偏于安全的,在滑动面的倾角比较陡的情况下,问题还不大,滑动面的倾角越是平缓,这种分析就会越加显出不合理。同时,这些分析只考虑了岩体结构(结构面产状)这一单一条件,而实际边坡的稳定或破坏总是许多因素综合作用的结果,它们将是比较复杂的。因此,边坡稳定条件的岩体结构分析只是为边坡稳定性研究提供一个初步的和基础的概念。

8.3.4 多组结构面条件下稳定边坡角的初步确定

边坡设计的中心问题是如何确定稳定边坡角,做到既安全又经济。对于岩体结构比较简单,可能滑移体比较单一的一般边坡(如上一节所讨论的),可以根据工程的要求和设计阶段,或根据岩体结构分析进行判断,或通过力学分析计算来确定其稳定边坡角。但在实际岩体中,往往存在许多组结构面并且它们在力学性质、规模大小、延展性、充填性等方面常不相同。对于这种多组结构面切割条件下的边坡,尽管结构面的组合形式比较复杂,也可以结合对结构面不同组合时稳定系数的分析计算,用赤平极射投影方法来确定稳定边坡角。

设一岩体发育六组结构面,它们的延展性均较强,产状如表 8-2。

表 8-2 六组结构面的产状和设计边坡的走向、倾向值

结构面组	走向	倾向	倾角
(1)	N50°E	SE	40°
(2)	N22°E	NW	60°
(3)	N8°W	SW	40°
(4)	N41°W	SW	50°
(5)	N54°W	NE	70°
(6)	N74°W	SW	50°

1) 在这个岩体中开挖一走向南北、倾向西的边坡,求其稳定边坡角。

首先,作结构面的赤平极射投影图,如图 8-10。六组结构面的投影大圆共有 15 个交线,即有 15 组控制岩体滑移方向的结构面组合交线。由图 8-10 可以看出,在 15 组交线中有 11 组交线的倾向与设计边坡的倾向(W)同向,即构成 11 组可能是滑移体。

然后,将投影图覆于投影网上,使设计边坡的走向线与投影网的 SN 线重合。根据图 8-9 的方法,找出与 A 点(它的倾角最缓)重合的经线绘于投影图上,为虚线大圆 NAS。它的倾角即为根据岩体结构分析推断的稳定边坡角,由图读得等于 15°。显然,这个边坡角太平缓了,必须结合结构面的强度参数进行核算,假设经过计算,沿组合交线 40°滑移的滑移体的稳定系数(η_A)为 4.5,说明采用这个边坡角太过于偏安全了。

因此,需要另外再确定一个安全经济的稳定边坡角。为此,可以采取由投影图周边向圆心沿结构面交点逐个确定的方法,这是因为结构面的力学性质有差异,组合交线倾角缓的块体,其稳定系数未必就大。假设当选取与 C 点重合的经线(图中的虚线大圆 NCS)的倾角为稳定边坡角时(由图读得为 49°),经分析计算,沿组合交线 CO 滑动的块体的稳定系数正好

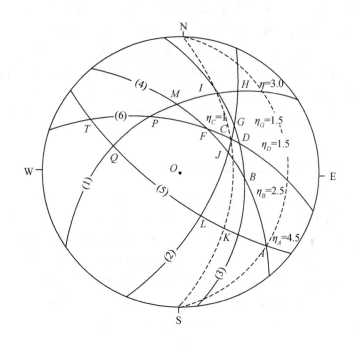

图 8-10　多组结构面条件下稳定边坡角的确定

等于 1。因此,确定 49° 为该边坡的稳定坡角。为安全计,亦可适当减缓几度。

2) 在这个岩体中开挖一南北长、东西短的抛圆形基坑(或露天矿坑),求其各部分的稳定边坡角。

首先,根据结构面的强度参数,求得对应于各组结构面组合交线的块体的稳定系数。分别标注于各结构面投影的交点旁,假设计算的结果如图 8-11。若以稳定系数等于 1.5 为确定稳定边坡角的安全边界,就可以将稳定系数等于和小于 1.5 的各交点以平滑曲线连接起来,围成一个包括投影图圆心的不稳定区域,如图 8-11 中的阴影部分。

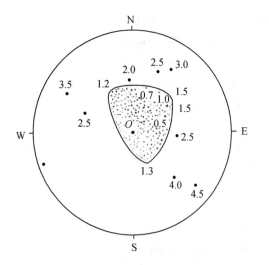

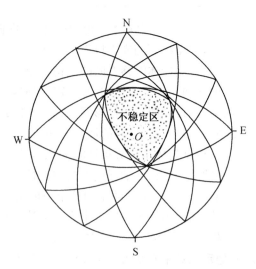

图 8-11　基坑边坡不稳定区域分析图　　　　**图 8-12　基坑各部分的稳定边坡角**

然后,在投影图的基圆上每隔 30°(或取任意值)取一点。代表基坑不同部位的边坡走向,将投影图覆于投影网上,依次使基圆上选取之点与投影图的 S、N 重合,绘下与图 8-11 的不稳定区域相切的经线,得一系列大圆,如图 8-12。这些大圆的倾角即代表相应走向和倾向的基坑边坡的稳定边坡角。

若开挖基坑的深度为 100 m,根据图 8-12 的资料,就可以绘出基坑边坡的等深线图(图 8-13)。

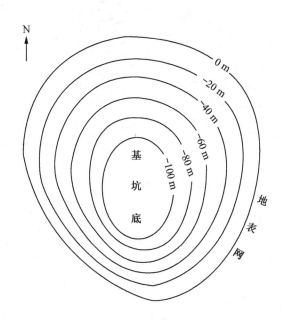

图 8-13　基坑边坡等深线图

8.4　边坡岩体结构图的编制

工程地质调查和勘测的结果,一般都是用图件来表示,目前提供为工程设计所用的,主要的就是一张平面工程地质图(包括工程地质剖面图)。根据多年来的工作经验,工程地质图并没有很好地满足工程设计的需要。对已经掌握到的工程地质资料,在工程地质图上也没有很好地反映出来和充分地加以利用。为此,我们针对边坡编制了"边坡岩体结构图",为边坡设计、稳定计算和工程施工应用。

边坡岩体结构图是根据两个基本图件编制的,一是工程地质图,二是边坡工程平面布置图。在这两张基本图件的基础上,运用赤平极射投影的原理和方法,真实地把边坡岩体结构反映出来。边坡岩体结构图也可以称为边坡实体比例投影图,它是根据相同比例尺的工程地质图,将立体的边坡岩体结构化为平面表示,从而使设计人员和施工人员对工程岩体结构有一个比较清楚的概念,更便于进行边坡设计和进行边坡稳定性计算等工作。

下面以岩体结构形式最为简单的边坡为例,说明边坡岩体结构图的编制方法。

一边坡如图 8-14,有两个结构面,一个是 KMB(断层 F),另一个是 LMD(断层 F_2)。它们组合起来,在边坡上切割出一个可能不稳定体 $KMLO$。如果这个块体失稳,它一定要沿着两结构面组会交线 MO 的倾向方向向下滑动。

图 8-14　路堑边坡素描—透视图

已经具备了一张自然边坡的工程地质图,图中分为六个工程地质岩组,有断层 F_1 和 F_2(即结构面 KMB 和 LMD),各岩组的岩性、岩层产状和断层产状均列在图上(图 8-15)。

在这一自然斜坡上要开挖一公路边坡。边坡的走向为 $N60°W$,倾向 SW,倾角暂定 45°,边坡底面(公路面)标高为 50 m,根据这些资料,在工程地质图上绘制边坡岩体的实体比例投影图,如图 8-15。其作图步骤如下:

1)绘出边坡坡脚线。根据给定的边坡走向和边坡底面标高,可划出边坡坡脚线 HG。H 和 G 两点正好在标高为 50 m 的地形等高线上,HG 即代表 50 m 标高的水平线。

2)绘出边坡开挖线。根据边坡面倾向 SW,倾角 45°与地形等高线的关系,按着绘岩层线的原理,以已知点 H 和 G 为准,求出坡面与地形等高线的交点,各交点的连线,即为边坡开挖边界线。

3)在边坡面上绘岩组界线和断层线。根据边坡、断层面和岩层层面的产状绘出它们的赤平极射投影图。如图 8-15 中左下角的投影图所示,投影 $L'O'$、$K'O'$、$D'O'$ 分别代表 F_1、F_2 和岩层界面与边坡面的交线。$M'O'$ 代表 F_1 和 F_2 的组合交线。

根据投影图上 $L'O'$、$K'O'$、$D'O'$ 和 $M'O'$ 的方位,分别在坡面上绘出相应的直线 LO、KO、DD 和 MO。$LO // L'O'$、$KO // K'O'$、$DD // D'O'$、$MO // M'O'$,其他平行于 DD 的直线(图上用虚线表示)均为边坡直上的岩层界线。经过上述作图步骤,即得到边坡岩体结构图,如图 8-15。结构更复杂一些的边坡,也可用相同的方法作出其岩体结构图。

边坡岩体结构图编出之后,可以帮助我们了解边坡岩体的结构特征,对可能发生的边坡变形做出比较合理的判断,就图 8-15 的例子,可以做出如下的判断:

1)在边坡岩体结构图上明显地表示出了由两个结构面 F_1 和 F_2 组合而成的可能不稳定块体 $KMLO$ 及其在边坡上的位置,这个块体如果发生滑动将沿组合交线 MO 的倾向方向发生,它的滑动面为"三角形"MKO 和 MLO。

2)在图上还可以从层面与边坡面的关系,看出这个边坡是一个反倾向边坡,因而层面

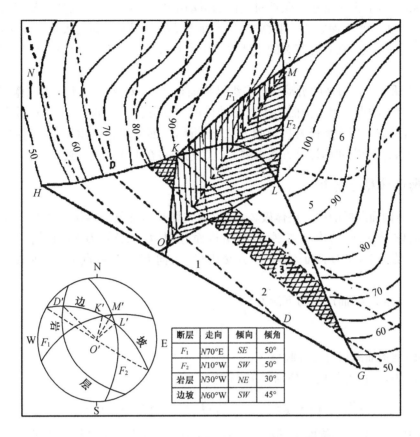

断层	走向	倾向	倾角
F_1	N70°E	SE	50°
F_2	N10°W	SW	50°
岩层	N30°W	NE	30°
边坡	N60°W	SW	45°

1——砂岩组；2——含砾砂岩组；3——页岩层间破碎带；
4——页岩组；5——粉砂岩组；6——砂页岩互层岩组。

图 8-15　边坡岩体结构图

对边坡的稳定性不起控制作用,边坡稳定性将主要取决于块体 *KMLO* 的稳定程度。

3）第 3 岩组为顺层软弱破碎带,由于软弱破碎带的厚度和强度性质不同,可能出现如下几种变形情况:当破碎带厚度较大,抗剪强度很小时,可能发生切层的变形或破坏;当破碎带的切层抗剪强度较大时,可能产生垂直层理方向的压缩变形;如果有裂隙水存在,软弱破碎带遇水软化,强度不断减弱,还可能发生塑性挤出,以上三种不同变形情况,要根据软弱破碎带的具体性质、具体条件,做出具体的判断。

4）在图上清楚地绘出了可能不稳定块体 *KMLO* 的几何边界条件,可以直接从图上求出其体积和滑动面的面积,便于进行力学计算。

8.5　边坡滑动块体的图解分析

根据边坡破坏的边界条件,力学计算方法可分为平面课题与空间课题两大类:

1）平面课题　边坡走向方向的地质条件相同或基本一致,也就是说岩性和岩体结构沿边坡走向的方向是没有变化的,或者变化很小,不影响边坡变形特性。在这种条件下,边坡可视为是无限长的,两端的边界条件对整体的滑动影响较小,因此就其典型剖面进行力学分析计算即可。关于平面课题的一般算法,如平面滑动的和圆弧滑动的极限平衡法,早在土力学中就有详细的论述,在各种有关的边坡著作中也有大量的文献资料可供参考,在这里不再叙述。

2) 空间课题 当边坡的滑动体由多组结构面构成时,对这种滑动体的计算不能按平面课题处理。对这种由多组结构面构成的滑动体的力学分析与计算,必须从这种滑动体的具体情况出发,首先运用赤平极射投影的方法,分析结构面的组合规律,并与实体比例投影方法相配合,采取三维空间的计算方法求解。这个问题将在下文着重论述。

8.5.1 楔形体稳定分析

由两个结构面组成的楔形块体破坏,是边坡破坏较为常见的事例。如图 8-16 所示,块体为楔形面体,被两个结构面切割而成,结构面分别为 ACO 及 BCO,它们的组合交线为 OC。在一般情况下,楔形四面体多沿组合交线 OC 方向下滑,这一点利用赤平投影方法可以进行判断。

由块体自重力 W 而产生的下滑力 S:

$$S = W \cdot \sin\theta_1 \tag{8-1}$$

式中,θ_1 为两结构面的组合交线倾角。

两个结构面上的摩擦阻力分别为 T_1 与 T_2:

$$T_1 = P_1 \cdot \text{tg}\varphi_1 + c_1 \cdot S_1, T_2 = P_2 \cdot \text{tg}\varphi_2 + c_2 \cdot S_2 \tag{8-2}$$

式中,P_1 和 P_2 分别为两结构面上的法向力;c_1、c_2、φ_1、φ_2 分别为两结构面上的内聚力和摩擦角;S_1,S_2 分别为两结构面的滑动面积。

当块体在外力(或自重)作用下,其稳定系数:

$$\eta = (T_1 + T_2)/S = (P_1 \cdot \text{tg}\varphi_1 + c_1 \cdot S_1 + P_2 \cdot \text{tg}\varphi_2 + c_2 S_2)/W \cdot \sin\theta_1 \tag{8-3}$$

式中,c_1、c_2、φ_1、φ_2 值的大小是由力学试验所得的。其余的 W、P_1、P_2、S_1 和 S_2 均可应用投影方法求得。

块体自重力 W:

$$W = V \cdot \gamma \tag{8-4}$$

式中,γ 是岩体的容重(t/m^3);V 是块体的体积。

$$V = (h \cdot S_0)/3 \tag{8-5}$$

$$h = CO \cdot \sin\varphi_1 = CO \cdot \sin\varphi_1/\cos\varphi_1 = CO \cdot \text{tg}\varphi_1 \tag{8-6}$$

式中,h 是锥形块体的高度(m)[如图 8-16(c)];CO 是实体比例投影图的长度,在图 8-16(b)上量得;φ_1 是组合交线的倾角,可在图 8-16(c)上量得;S_0 是锥形块体的底面积,若坡顶面是水平面,则 S_0 与其投影面积相等,即为图 8-16(b)中的 $\triangle abc$ 的面积,可在图上直接测算,如果坡顶是斜面,则 S_0 可按下式计算:

$$S_0 = S_0{}'/\cos\varphi_2 \tag{8-7}$$

式中，S_0' 是 S_0 的投影面积，即 $\triangle abc$ 的面积；φ_2 为坡顶斜面的倾角。平顶时 φ_2 等于零，则：$S_0 = S_0'$。

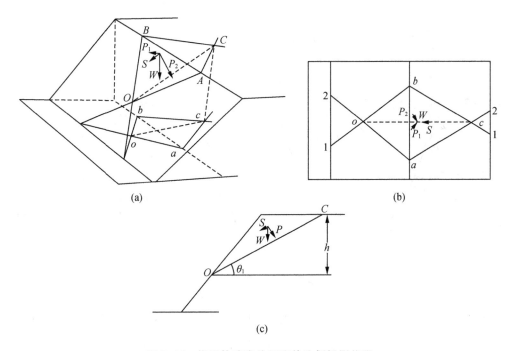

(a)
(b)
(c)

图 8-16　楔形体稳定分析实体比例投影作图

求三个分力 P_1、P_2 和 S 的三种投影方法。

第一种方法：

先将自重力 W 分解为两个分力，一是沿主滑方向的分力 S，另一是垂直主滑方向的分力 P。然后再将力 P 分解为两个分力 P_1 和 P_2。P_1 是垂直于滑面 1-1 的法向力，P_2 是垂直于滑面 2-2 的法向力，如图 8-16(a) 和图 8-17(a)，投影求解步骤如下：

1）根据两结构面的已知产状绘赤平极射投影［如图 8-17(a)］，1-1 和 2-2 别为两个结构面的投影，MO 为组合交线。

2）在图 8-17(a) 上确定各力 W、P、P_1、P_2 和 S 的投影方向。

重力 W 是铅直的，故投影在圆心，为一点投影；下滑力 S 方向与组合交线 MO 的倾向方位相致，为 MO；法向力 P_1，P_2 是根据两滑面 1-1 和 2-2 的极点求得，即极点 P_1、P_2 与投中心 O 点的连线 P_1O 和 P_2O 为法向力的方向。

在投影图上绘包括 P_1O 及 P_2O 的共面 AB，再绘包括 W 和 S 的共面 CD。因 CD 是直立面，所以它在投影图上是直线，AB 与 CD 投影的交点为 P，PO 即为 P 力的作用方向。

3）求 S 和 P 的大小。

在共面 CD 上按力的平行四边形法则，先将 W 分解为 S 和 P［如图 8-17(b)］，在图上按选定的比例尺作图，可得到 W 的两个分力 S 和 P 的大小，即：

$$W = S + P$$

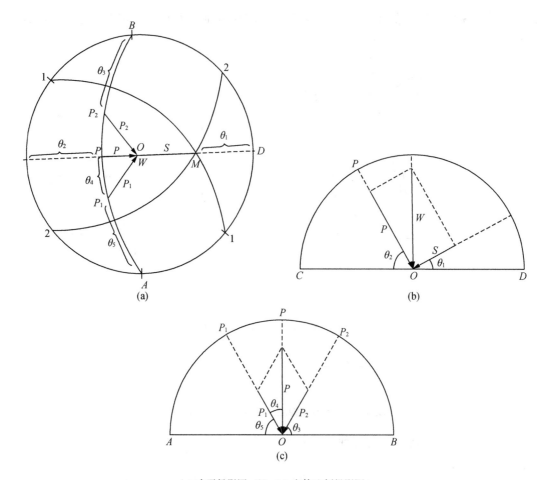

(a) 赤平投影图；(b)、(c) 实体比例投影图。

图 8-17　滑动楔形块体自重力的分解

4）求 P_1 和 P_2 的大小

在共面 AB 上，P 力的分力为 P_1 和 P_2［如图 8-17(c)］，图中 P 的大小和方向是已求得的，P_1 和 P_2 的方位是已知的，按平行四边形法则，即

$$P = P_1 + P_2$$

经过以上几个步骤，所需的几个计算值均已求得，可代入相应的公式，求边坡的稳定系数。

第二种方法：

将外力 W（包括块体自重力）直接分解为三个分力，即一个是沿主滑方向的下滑力 S，另两个是垂直于滑面的两个法向力 P_1 和 P_2。

外力 W 作用的方向不是铅直的，如投影图 8-18(a) 中所示 WO。其他三个分力的作用方向根据投影图求知。S 的作用方向是两滑面 1-1 和 2-2 的组合交线 MO 的方向。两个法向力方向分别垂直于 1-1 和 2-2，即 P_1O 和 P_2O。

求岩块自重和滑面的面积，其方法与前一种相同，在此省略。这里着重介绍外力 W 的

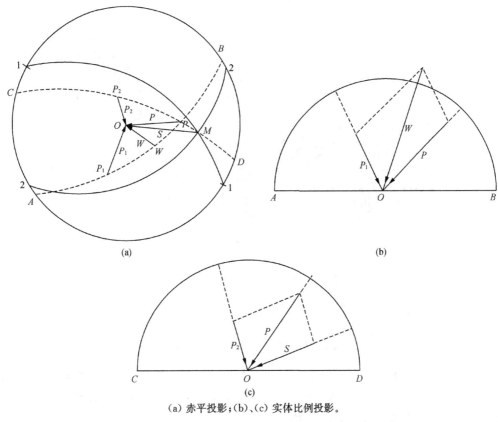

(a) 赤平投影;(b)、(c) 实体比例投影。

图 8-18 滑动块体作用力的分解

分解,简要步骤如下:

第一步,根据已知两结构面的产状绘投影,如图 8-18(a)中 1-1 和 2-2。并绘出 S、P_1 和 P_2 的作用方向;

第二步,利用图 8-18(a)绘作包括 WO 和 P_1 的共面 A-B,再绘作包括 MO 和 P_2O 的共面 CD,两共面的组合交线为 PO;

第三步,在共面 A-B 上有 W、P_1 和 P 三个力,作 A-B 的实体比例投影[如图 8-18(b)],运用平行四边形法则,可得

$$W = P_1 + P$$

第四步,在共面 CD 上有 P、P_2 和 S 三个力,作 CD 的实体比例投影[如图 8-18(c)],同理,得

$$P = P_2 + S$$

将 P 代入到 $W = P_1 + P$ 中,可得

$$W = P_1 + P_2 + S$$

第三种方法:

沿组合交线 MO 方向作垂直面,将滑动块体分为两块,其块体总重力 W 亦分为 W_1 和 W_2,分别为结构面 1-1 和 2-2 上部的岩块重力,对 W_1 和 W_2 作如下的分解(如图 8-19):先将

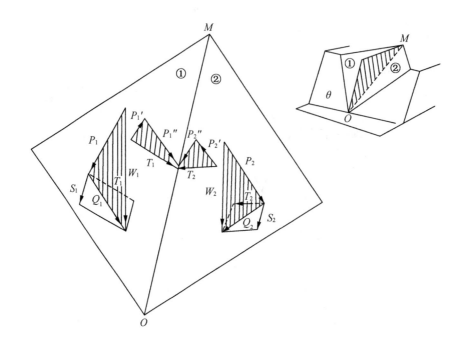

图 8-19　滑动块体作用力的分解

W_1 分解为垂直于结构面 1-1 的法向力 P_1 和沿结构面 1-1 倾向方向的倾向力 Q_1，然后，再将 Q_1 分解为下滑力 S_1 和垂直下滑方向的力 T_1；最后，再将 T_1 分解为垂直于结构面 1-1 的法向力 P_1' 和垂直于结构面 2-2 的法向力 P_1''。

同理，W_2 也可作同样的分解。

从图 8-19 可知，在结构面 1-1 上的下滑力为 S_1，法向力：

$$N_1 = P_1 - P_1' + P_2''$$

结构面 2-2 上的下滑力在为 S_2，法向力：

$$N_2 = P_2 - P_2' + P_1''$$

以单块 W_1 为例，投影求解步骤如下：

1) 绘结构面 1-1 和 2-2 的投影［如图 8-20(a)］，根据投影图可确定各分力的作用方向，①下滑力 S_1 是结构面 1-1 和 2-2 的组合交线 MO 的方向；②倾向力 Q_1 是结构面 1-1 的倾向方向；③法向力 P_1 是结构面 1-1 的极点与中心 O 连线的方向；④T_1 是垂直于组合交线 MO 的方向。

2) 绘包括 Q_1、W_1 和 P_1 的共面 AB，该面是直立面，它的投影是直线，在图上判读 Q_1、P_1 分别与水平面的夹角为 θ_1 和 θ_2。

根据共面 AB 上各力的相对方位，作比例矢量图［如图 8-20(b)］，可将 W_1 分解为 Q_1 和 P_1：

$$W_1 = P_1 + Q_1$$

3) 在结构面 1-1 上将 Q_1 分解为 S_1 和 T_1［如图 8-20(c)所示］。

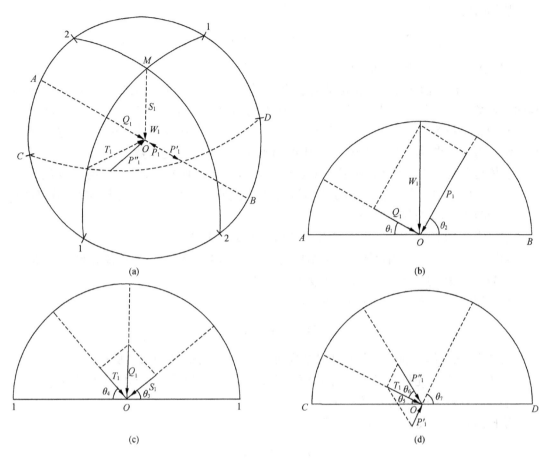

(a) 力的赤平投影；(b)、(c)、(d) 力的实体比例投影。

图 8-20 滑动楔形块体力的分解

$$Q_1 = T_1 + S_1$$

4) 绘包括 T_1 和 P_1''（结构面 2-2 的极点与 O 点的连线）的共面 CD，则 P_1' 也一定在共面 CD 内，P_1' 的作用方位是与 P_1 一致，但方向相反。

根据 T_1、P_1'' 和 P_1' 在共面 CD 上相对角距关系，作比例矢量图[如图 8-20(d)]，可得

$$T_1 = P_1' + P_1''$$

按上述相同的步骤，可求 W_2 的各分力的大小。

最终的下滑力 S：

$$S = S_1 + S_2$$

结构面 1-1 上的法向力 N_1：

$$N_1 = P_1 - P_1' + P_1''$$

结构面 2-2 上的法向力 N_2：

$$N_2 = P_2 - P_2' + P_1''$$

块体的稳定系数 η：

$$\eta = (N_1 \cdot \mathrm{tg}\varphi_1 + c_1 \cdot \Delta_1 + N_2 \cdot \mathrm{tg}\varphi_2 + c_2 \cdot \Delta_2)/(S_1 + S_2)$$

式中，Δ_1，Δ_2分别为两滑面的面积。

第三种方法与前两种方法相比是复杂的，但有它的特殊用途。当滑动块体不是沿两结构面组合交线方向滑动，而是沿其中一个结构面的倾向方向滑动，在这样的条件下，自重力W不能直接分解为三个分力（一个下滑力和两个法向力）。因此，必须采用第三种方法，即分块图解。为进一步说明这个问题，简要列举下例，求解块体的稳定系数。

块体是由两个结构面组合而成。如图 8-21(a)，两结构面 1-1 和 2-2 的组合交线 MO，与其中 1-1 的倾向重合，说明块体仅沿结构面 1-1 的倾向下滑，沿组合交线 MO 作垂直面将块体分为两块，自重分别为W_1和W_2。

第一步，先求块体①的下滑力S_1和对结构面 1-1 的法向力P_1。

如图 8-21(b)所示，因块体①是沿结构面 1-1 的倾向滑动，所以W_1仅能分解为S_1和P_1。绘包括W_1、S_1、P_1的共面 A-B，直立面投影为直线。

绘比例矢量图［如图 8-21(c)］，可得：

$$W_1 = S_1 + P_1$$

第二步，求块体②的下滑力S_2和对结构面 1-1 及 2-2 的法向力$P_2{}'$及$P_2{}''$。

如图 8-21(d)，先将W_2分解为结构面 2-2 的法向力P_2和沿 2-2 倾向的下滑力Q_2。

绘包括W_2、P_2和Q_2的共面 A-B。

绘比例矢量图［如图 8-21(e)］，可得：

$$W_2 = Q_2 + P_2$$

在结构面 2-2 上，再将Q_2分解为下滑力S_2（沿 MO 下滑）和垂直于下滑方向的分力T_2，绘比例矢量图［如图 8-21(f)］，可得：

$$Q_2 = S_2 + T_2$$

绘包括P_1、P_2、T_2的共面 CD，再将T_2分解为两个法向力：一是垂直于结构面 1-1 的法向力$P_2{}'$（与P_1的方向一致），二是垂直于结构面 2-2 的法向力$P_2{}''$（与P_2的方向相反）。绘共面 CD 上的比例矢量图［如图 8-21(g)］，可得

$$T_2 = P_2{}' + P_2{}''$$

经作图可知$P_2{}''$的作用方向是向上的，所以在结构面 2-2 的法向力N_2

$$N_2 = P_2 - P_2{}''$$

在结构面 1-1 上的法向力N_1：

$$N_1 = P_1 + P_2{}'$$

总的下滑力S：

$$S = S_1 + S_2$$

块体的稳定系数 η:

$$\eta = (\boldsymbol{N}_1 \cdot \mathrm{tg}\varphi_1 + c_1 \cdot \Delta_1 + \boldsymbol{N}_2 \cdot \mathrm{tg}\varphi_2 + c_2 \cdot \Delta_2)/(\boldsymbol{S}_1 + \boldsymbol{S}_2)$$

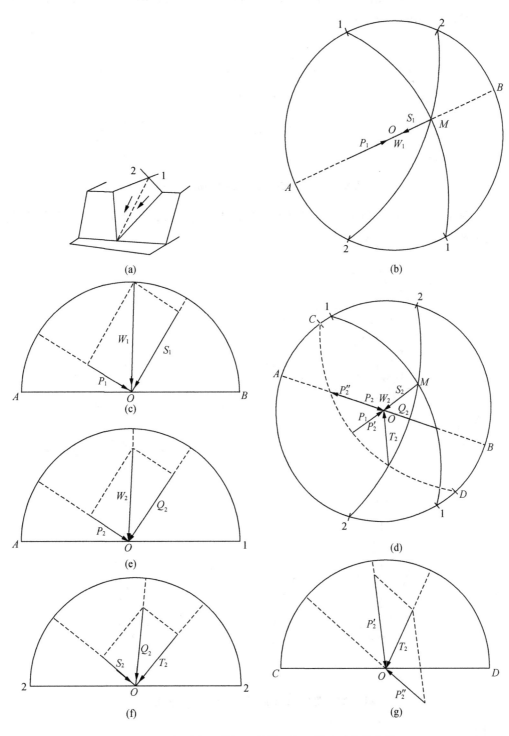

图 8-21 滑动楔形体沿一结构面倾向滑动时力的分解

8.5.2 由三个滑面组成的块体稳定分析

由三个结构面(即是滑面)组成的块体滑动,在岩质边坡破坏中也是比较常见的,一般有下列三种情况(如图 8-22 所示)。

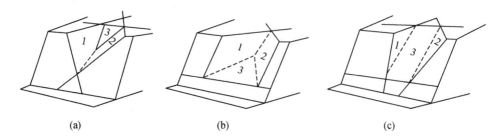

图 8-22　三个结构面构成的滑动块体形状

第一种情况,如图 8-22(a)所示,块体沿结构面 1-1 与 2-2 的组合交线方向下滑,结构面 3-3 起切割作用,求块体的稳定性。

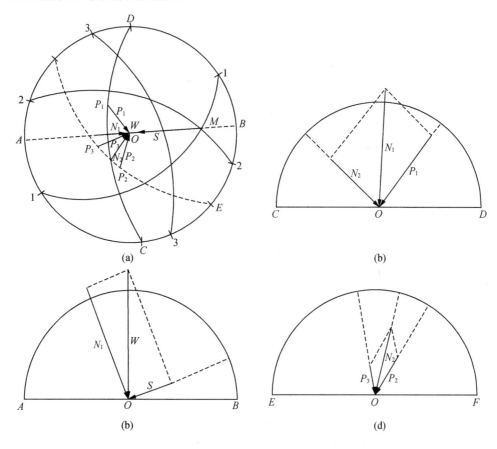

图 8-23　图 8-22(a)所示的滑动块体力的分解

图解方法:

1) 根据结构面的产状绘赤平投影[如图 8-23(a)]。MO 为结构面 1-1 与 2-2 的组合交线,又是块体的下滑方向。

2) 将块体自重 W 分解为沿 MO 方向的下滑力 S 和垂直下滑方向的法向力 N_1,并在投影图上绘出三个结构面的法向力方向,如图中的 P_1O、P_2O、P_3O。

3) 作 N_1、W、S 的共面 AB,并绘共面 AB 的比例矢量图[如图 8-23(b)],按图可知:

$$W = S + N_1$$

4) 作 N_1、P_1、N_2 的共面 CD,并绘共面 CD 的比例矢量图[如图 8-23(c)],可得 N_1 的分解力:

$$N_1 = P_1 + N_2$$

5) 作 N_2、P_2、P_3 的共面 EF,并绘其比例矢量图[如图 8-23(d)],可得 N_2 的分解力:

$$N_2 = P_2 + P_3$$

应注意图 8-23(d)中 P_3 的方向是向上的,说明结构面 3-3 上的法向力不是压力,而是拉力。

经过以上几个步骤,很简便地求出由块体自重 W 而产生的下滑力 S,结构面 1-1 与 2-2 上的法向压力(P_1,P_2),结构面 3-3 上的法向拉力 P_3。将各力所求的量代入下式可得块体的稳定系数 η:

$$\eta = [P_1 \cdot \mathrm{tg}\varphi_1 + c_1 \cdot \Delta_1 + P_2 \cdot \mathrm{tg}\varphi_2 + c_2 \cdot \Delta_2 + (-P_3 \cdot \mathrm{tg}\varphi_3 + c_3 \cdot \Delta_3)]/S$$

第二种情况,如图 8-22(b)所示,块体沿结构面 1-1 与 2-2 的组合交线方向下滑,结构面 3-3 为主滑面,求块体的稳定性。

图解方法:

1) 根据结构面产状绘赤平投影[如图 8-24(a)]。将块体自重 W 分解为沿 MO 方向的下滑力 S 和垂直下滑方向的法向力 N_1,并绘三个结构面的法向力作用方向,如 P_1O、P_2O、P_3O。

2) 绘包括 S、W、N_1 的共面 AB,并绘共面 AB 的比例矢量图[如图 8-24(b)]。根据图可得 W 的两个分力 S 和 N_1:

$$W = S + N_1$$

3) 绘包括 P_1、N_1 的共面 CD 和包括 P_2、P_3 的共面 EF。两共面的组合交线 N_2O 为分力 N_2 作用方向,通过 N_2 可求法向力 P_2 和 P_3。

4) 绘共面 CD 上的矢量比例图[如图 8-24(c)]。因 N_1 已从上式求得,在此再将 N_1 分解为 P_1 和 N_2:

$$N_1 = P_1 + N_2$$

5) 绘共面 EF 上的矢量比例图[如图 8-24(d)],即将 N_2 再分解为 P_2 和 P_3:

$$N_2 = P_2 + P_3$$

经过以上几个步骤,得到下滑力 S 的大小和作用在三个结构面上的法向力 P_1、P_2、P_3 的大小。代入下式可得块体的稳定系数 η:

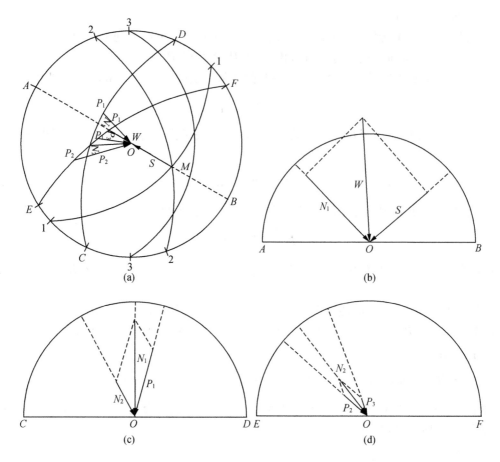

图 8-24 图 8-22(b)所示的滑动块体力的分解

$$\eta = [(\boldsymbol{P}_1 \cdot \mathrm{tg}\varphi_1 + c_1 \cdot \Delta_1) + (\boldsymbol{P}_2 \cdot \mathrm{tg}\varphi_2 + c_2 \cdot \Delta_2) + (\boldsymbol{P}_3 \cdot \mathrm{tg}\varphi_3 + c_3 \cdot \Delta_3)]/\boldsymbol{S}$$

第三种情况,如图 8-22(c)所示,其中结构面 3-3 为主滑面,1-1 与 2-2 为次滑面求块体沿主滑面下滑时的稳定系数。

图解方法:

沿组合交线作两个垂面,将块体分为三块,它们的自重分别为 $\boldsymbol{W}_1$、$\boldsymbol{W}_2$ 和 $\boldsymbol{W}_3$,用投影方法求各自的下滑力和法向力。

1)根据结构面 1-1、3-3 的产状绘赤平投影[如图 8-25(a)]。

2)先求块体自重 $\boldsymbol{W}_1$ 的分解,即沿 1-1 倾向的滑动力为 $\boldsymbol{Q}_1$,法向力为 $\boldsymbol{P}_1$。在共面 AB 上有:

$$\boldsymbol{W}_1 = \boldsymbol{Q}_1 + \boldsymbol{P}_1$$

3)再将 $\boldsymbol{Q}_1$ 分解为 $\boldsymbol{S}_1$ 和 $\boldsymbol{T}_1$。$\boldsymbol{S}_1$ 是沿结构面 1-1 与 3-3 组合交线方向的滑动力,$\boldsymbol{T}_1$ 是垂直于组合交线的分力,即在结构面 1-1 上有:

$$\boldsymbol{Q}_1 = \boldsymbol{S}_1 + \boldsymbol{T}_1$$

4)在结构面 1-1 上的 $\boldsymbol{T}_1$,还可以分解为 $\boldsymbol{P}_1^3$ 和 $\boldsymbol{P}_1{}'$,$\boldsymbol{P}_1^3$ 是垂直于结构面 3-3 的分力,$\boldsymbol{P}_1{}'$ 是

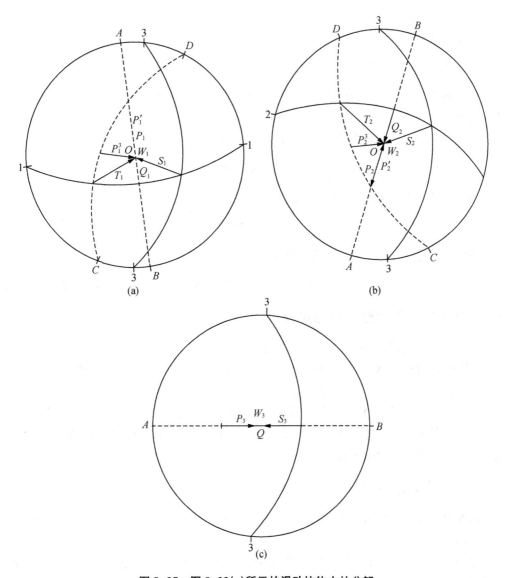

图 8-25　图 8-22(c)所示的滑动块体力的分解

垂直于结构面 1-1 的分力,即在共面 CD 上有

$$T_1 = P_1^3 + P_1{}'$$

由作图可知 $P_1{}'$ 的方向是向上的,是起拉力作用的法向应力。

根据以上作图结果,在结构面 1-1 有下滑力 S_1,有法向力 $N_1 = P_1 - P_1{}'$,而 P_1^3 是作用在结构面 3-3 上的法向力。

同理,求块体自重 W_2 的分解,同样可得到下列结果[见图 8-25(b)]:

在共面 AB 上有:

$$W_2 = Q_2 + P_2$$

在结构面 2-2 上有:

$$Q_2 = S_2 + T_2$$

在共面 CD 上有：

$$T_2 = P_2^3 + P_2{'}$$

同理得到在结构面 2-2 的下滑力为 S_2，法向力 $N_2 = P_2 - P_2{'}$，而 P_2^3 是作用在结构面 3-3 上的法向力。

求块体自重 W_3 的分解，如图 8-25(c)，在共面 AB 上有

$$W_3 = S_3 + P_3$$

作用在结构面 3-3 的下滑力为 S_3，法向力为

$$N_3 = P_1^3 + P_2^3 + P_3$$

整个块体的稳定系数，可由下式求得 η

$$\eta = \left[(N_1 \cdot \mathrm{tg}\varphi_1 + c_1 \cdot \Delta_1) + (N_2 \cdot \mathrm{tg}\varphi_2 + c_2 \cdot \Delta_2) + (N_3 \cdot \mathrm{tg}\varphi_3 + c_3 \cdot \Delta_3) \right] / (S_1 + S_2 + S_3)$$

8.5.3　有水条件下楔形体的稳定分析

为求解楔形体的稳定系数，必须有下列参数：

(1) 楔形体的重量 W，是块体容重 γ_w 与体积的乘积，体积可应用投影图解求得；

(2) 张裂面 TVD 充水，水的总推力为 V；

(3) 作用在两个滑面 $ATDO$ 和 $BVDO$ 上的总浮托力分别为 U_A 和 U_B。

V、U_A、U_B 是所求解的主要参数。其他参数，如 W、两个滑动面的面积 Δ_A 和 Δ_B、张裂面的面积 Δ_v，均可应用投影图解求得。

8.5.3.1　求水的总推力 V

根据张裂面 TVD 和两个滑面 $ATDO$ 和 $BVDO$ 的产状，绘赤平投影和实体比例投影 (如图 8-26)。

设水可自由进入张裂隙，推力呈三角形分布，在 D 点的推力为最大。在这种情况下，单位面积平均推力 P 为 γ_w 与 T 点及 V 点在 D 点以上平均垂直高度的乘积：

$$P = \gamma_w \cdot (H_T + H_V)/2$$

式中，γ_w 为水的容重，H_T 及 H_v 分别是由 D 点至 T 点及 V 点的垂直高度。由图 8-27(b) 可得：

$$H_T = T{'}D \cdot \mathrm{tg}\alpha_A$$
$$H_v = V{'}D \cdot \mathrm{tg}\alpha_B$$

式中的 $T{'}D$ 和 $V{'}D$ 是投影长度，可在实体比例投影图上 [如图 8-26(b)] 直接量测，即分别为图 8-26(b) 中的 TD 和 VD。

α_A 和 α_B 是 TD、VD 与水平面的夹角，可在赤平投影图 [图 8-26(a)] 直接测读。

作用在张裂面 TVD 的总推力 V：

$$V = P \cdot \Delta V / 3$$

式中，ΔV 为张裂面 TVD 的面积。

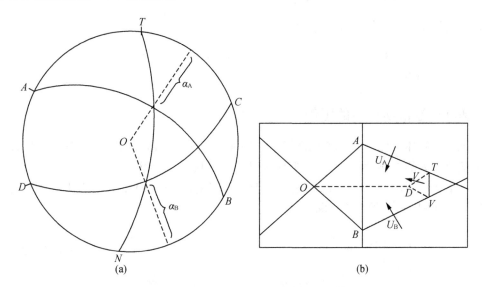

图 8-26　水作用力的赤平极射投影及实体比例投影

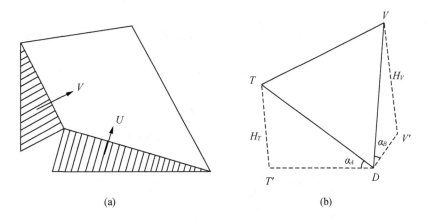

图 8-27　水的浮托力分析示意图

8.5.3.2　求水的浮托力 U_A 和 U_B

$$U_A = P_A \cdot \Delta_A / 3$$
$$U_B = P_B \cdot \Delta_B / 3$$

式中，P_A、P_B 分别为滑动面单位面积上的浮托力；Δ_A、Δ_B 分别为滑动面面积。

8.5.3.3　求下滑力 S 以及法向力 N_v、N_A 和 N_B

由块体自重 W 而产生的下滑力 S，在张裂面上的法向力为 N_v，在 $ATDO$ 面上的法向力为 N_A，在 $BVDO$ 面上的法向力为 N_B。这些数值的大小，均可应用投影方法求得，前面已经讲述,在此省略。

8.5.3.4 求楔形体的稳定系数 η

在水的作用下楔形体的稳定系数 η 为:

$$\eta = [(N_A - U_A) \cdot tg\varphi_A + c_A \cdot \Delta_A + (N_B - U_B) \cdot tg\varphi_B + c_B \cdot \Delta_B + c_V \cdot \Delta_V \\ - (N_V - V) \cdot tg\varphi_V]/S$$

8.6 基坑边壁滑动块体的图解分析

基坑边壁岩体结构体的实体比例投影如图 4-7 所示。因为人站在基坑内,可以让基坑任一边壁位于人的左侧,所以图 4-7 实际上适合于基坑任一边壁。

在自重作用下基坑边壁内滑动块体稳定性,通过对图 4-7(c)和图 4-7(d)各种情况的研究可以得出如图 8-28 所示的判断:

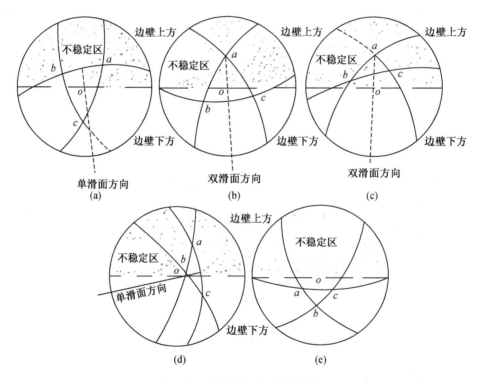

图 8-28 边壁结构体稳定性判断

（1）在旋转后的赤平极射投影中,若四面锥体底面 $\triangle abc$ 整个位于上半圆内[图 8-28 (c)],则锥体为最不稳定体。

（2）在旋转后的赤平极射投影中,若四面锥体底面 $\triangle abc$ 整个位于下半圆内[图 8-28 (e)],则锥体为最稳定体。

（3）在旋转后的赤平极射投影中,若四面锥体底面 $\triangle abc$ 部分落入上半圆内[图 8-28(a) (b)(d)],锥体为可能不稳定体。

四面锥体在自重力作用下的滑落方向,均可在旋转后的赤平极射投影图(图 8-28)上予以确定：

(1) 当 O 点位于△abc 内时，如有一个大圆倾向边壁下方，则锥体为单滑面体，它沿该大圆所代表结构面的倾向和倾角滑落[图 8-28(a)]。

(2) 当 O 点位于△abc 内时，如有两个大圆的交线倾向边壁下方，则锥体为双滑面体，它沿该交线的倾向和倾角下滑[图 8-28(b)]。

(3) 当 O 点位于△abc 外时，过 O 点任意画一条穿过锥底面△abc 的直线 OM，若 OM 与某一大圆交叉，则锥体为双滑面体，它沿未与 OM 交叉的另两个大圆交线的倾向和倾角下滑[图 8-28(c)]。

(4) 当 O 点位于△abc 外时，过 O 点任画一条穿过锥底面△abc 的直线 OM，若 OM 与两个大圆交叉，则锥体为单滑体，它沿未与 OM 交叉的那个大圆的倾角下滑[图 8-28(d)]。

第九章 块体稳定性的全空间赤平投影分析法

9.1 空间平面赤平投影原理及投影网

9.1.1 投影原理

赤平投影是表示几何要素点、线、面,或空间矢量等角距关系的平面投影,它是利用球面作为投影工具。首先通过球心作赤道平面,然后将空间平面或射线平移,使之通过球心并与球面相交得球面交线或交点,再以球体的下端或上端向球面交线或交点发射线,此射线与赤道平面相交的轨迹,即为该平面或射线的极射赤平投影,简称赤平投影。以下采用极射赤平投影。

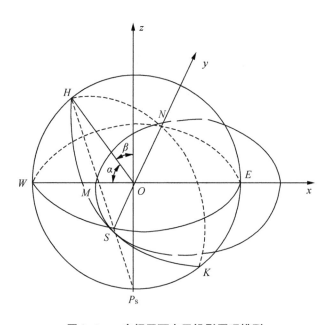

图 9-1 一空间平面赤平投影原理模型

由图 9-1 可知:

1) 赤道平面的投影为一水平圆,称作赤道圆,也称为参考圆或基本圆;

2) 赤道平面上半球的投影皆在赤道圆内,下半球的投影皆在赤道圆外。这意味着结构面上盘岩体的投影都在大圆内,下盘岩体的投影都在大圆外;

3) 竖直平面的赤平投影为过赤道圆圆心的一条直线;一直线的赤平投影为一点;

4) 射线 OH 的赤道投影长度:

$$OM = R \cdot \tan(\beta/2) \tag{9-1}$$

式中:R——赤道大圆的半径;$\beta = 90° - \alpha$。

5) 通过球心的空间平面的全空间赤平投影为一大圆,经证明该圆的半径为:

$$r = R/\cos\alpha \tag{9-2}$$

式中:R——赤道大圆的半径;α——平面倾角。

9.1.2　投影网构成及矢量作图法

1) 投影网构成(图 9-2):

$$OA_0 = R\tan\frac{\alpha}{2}$$

$$OB_0 = R\cot\frac{\alpha}{2}$$

2) 全空间赤平投影的矢量法

①单一平面

已知一平面,其倾角为 α,倾向为 β,作其全空间赤平投影。该平面的全空间投影是一个大圆,由图 9-3 可知,

其圆心为:

$$OC = R \cdot \tan\alpha \tag{9-3}$$

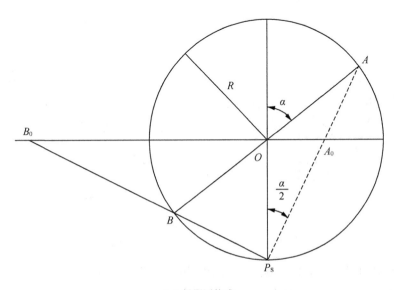

(a) 投影网构成

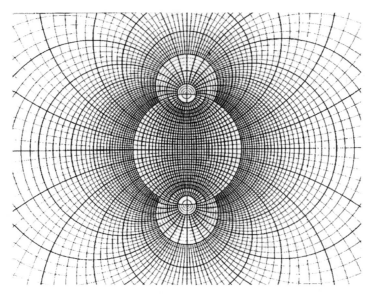

（b）全空间赤平极射投影网

图 9-2　全空间赤平极射投影网

半径为：

$$r = R/\cos\alpha \qquad (9\text{-}4)$$

圆心坐标为：

$$C_X = R \cdot \tan\alpha \cdot \sin\beta$$
$$C_Y = R \cdot \tan\alpha \cdot \cos\beta \qquad (9\text{-}5)$$

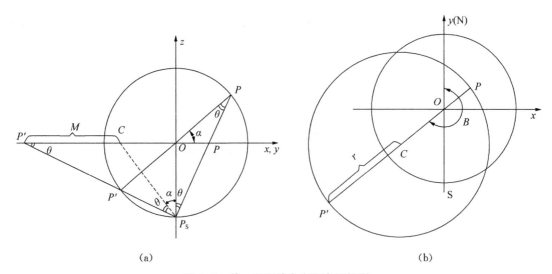

（a）　　　　　　　　　　　　（b）

图 9-3　单一平面的全空间赤平投影

图 9-3 给出了平面（倾角 α、倾向 β）的全空间赤平投影作图方法。

赤道圆半径为 R，三种绘制单一平面的全空间赤平投影方法：

a. 以 R 为半径绘出赤道圆；由式(9.4)计算出投影圆半径 r；在赤道圆上定出该平面走向线 AB[图 9-4(a)]；分别在 A、B 两点为圆心，半径 r 画圆弧，交于 C 点；以 C 点为圆心，r 为半径绘出该平面的全空间投影圆。

b. 以 R 为半径绘出赤道圆；由式(9.3)计算出 OC；在倾向 β 方向上，找出圆心 C 的位置 [图 9-4(b)]；再由式(9.4)计算出投影圆半径 r，并绘出该平面的全空间投影圆。

c. 以 R 为半径绘出赤道圆；由式(9.5)计算出圆心 C 坐标 C_X、C_Y；再由式(9.4)计算出 投影圆半径 r；以 C 点为圆心，r 为半径绘出该平面的全空间投影圆。

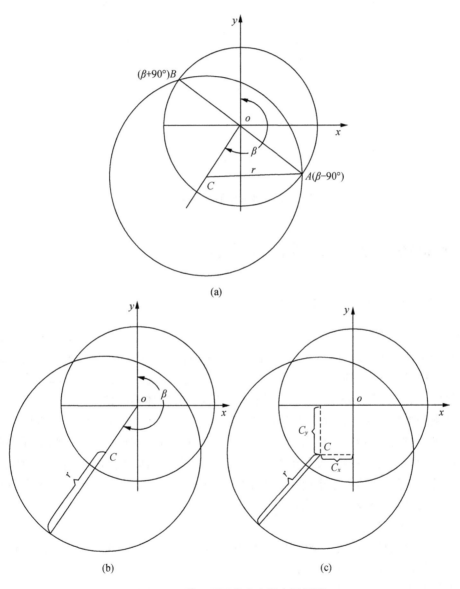

(a)

(b)　　　　　　(c)

图 9-4　单一平面的全空间赤平投影

②两平面的交线

假定所有结构面都通过参照球面的中心，故任意两结构面产状分别为 $P_1 : 55° \angle 120°$；

P_2:$45°\angle260°$,求两结构面的交线。

作两结构面的赤平投影(图 9-5),两大圆相交于 I 和 I',则 I 和 I' 表示了两结构面交线的两个方向。I 位于赤道圆内,即其方向指向上半空间;I' 位于赤道圆外,即其方向指向下半空间。

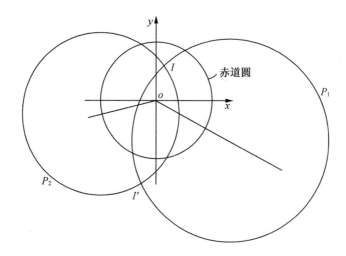

图 9-5　两平面交线的全空间赤平投影

9.2　块体(棱锥)数及其在投影中的标注

9.2.1　棱锥(块体)总数及其分类

1) 棱锥(块体)的分类

采用全空间赤平投影方法,将结构面组合而成的各裂隙块体直观地表现出由大圆弧构成的若干区域,每一个块体对应一个区域。由大圆弧段构成的区域以基圆圆心为顶点形成一系列锥体,这些锥体可分为:裂隙锥、开挖锥、空间锥和块体锥四种。

裂隙锥是指完全由结构面切割而成的块体,在投影图上以结构面为界的岩体半空间所构成的棱锥;开挖锥是指由结构面和临空面切割而成的块体,在投影图上以临空面为界的岩体半空间所构成的棱锥;空间锥是指以临空面为界的没有岩体的半空间所构成的棱锥,亦即开挖锥以外的空间;块体锥是指由一个以上临空面和若干组结构面为界的岩体半空间所组成的棱锥,亦即块体至少有一面临空。

2) 裂隙块体的总数

岩体受结构面切割形成了裂隙块体,其中大部分为无限块体,少部分为有限块体。无限裂隙块体是块体可动性的必备条件。

一组结构面:无限裂隙块体 2 个;

二组结构面:无限裂隙块体 4 个;

三组结构面:无限裂隙块体的总数是 $2+2\times(2-1)+2\times(3-1)=8$;

……

N 组结构面:无限裂隙块体的总数为 n^2-n+2,有限裂隙块体的总数为 $2n(-n^2-n+2)$。

如果结构面中含有互相平行的界面,则其无限裂隙块体总数将减少(证明从略)。表 9-1 中给出不同情况下裂隙块体的总数、无限裂隙块体数及有限裂隙块体数的计算公式。

表 9-1　不同结构面组数对应的裂隙块体总数、无限裂隙块体数及有限裂隙块体数

平行结构面的组数	裂隙块体总数	无限裂隙块体数	有限裂隙块体数	条件
各组结构面互不平行	2^n	n^2-n+2	$2^n-(n^2-n+2)$	$n \geq 1$
一组确定的平行结构面	2^{n-1}	$2 \cdot (n-1)$	$2^{n-1}-2 \cdot (n-1)$	$n \geq 2$
任意一组平行结构面	$n \cdot 2^{n-1}$	$2n(n-1)$	$n[2^{n-1}-2(n-1)]$	$n \geq 2$
二组确定的平行结构面	2^{n-1}	2	$2^{n-1}-2$	$n \geq 3$
任意二组平行结构面	$n(n-1) \cdot 2^{n-3}$	$n(n-1)$	$n(n-1)(2^{n-3}-1)$	$n \geq 3$
m 组确定的平行结构面	2^{n-m}	0	2^{n-m}	$n \geq m \geq 3$

9.2.2　块体(棱锥)在投影中的标注

由全空间赤平投影的特性可知:一个结构面的全空间赤平投影为一大圆,其圆内域相对应于结构面的上盘岩体;圆外域相对应于结构面的下盘岩体。各结构面投影的大圆将全空间赤平投影图划分成若干区域,每个区域对应于一个块体。通过对块体的标注,将全空间赤平投影图上所有的区域区分开来。

1) 块体(棱锥)在投影中的标注方法

为了分析方便,可根据不同需要采用不同的方法标注块体(棱锥)。主要有三种方法:直观标注法、数字编号法和符号编号法(表 9-2)。

表 9-2　块体(棱锥)的标注方法

标注方法	块体在平面 i 的		块体中不包括平面 i	平面 i 为块体的一组平行界面	举例	
	上盘	下盘				
直观标注法	U_i	L_i		$\begin{matrix}U_i\\L_i\end{matrix}$	$L_1U_2L_3U_4$	
数字编号法	0	1	2	3	1010	0321
符号编号法	1	-1	0	±1	$-1,1,-1,1$	$1,\pm1,0,-1$

①直观标注法

一组结构面将岩体分为上半空间(上盘)和下半空间(下盘),以 U 和 L 分别表示上半空间和下半空间。设岩体中发育四组结构面 P_1、P_2、P_3、P_4 和临空面 P_5,块体 B_1 由 P_1、P_2 和 P_3 的下半空间以及 P_4 的上半空间构成,则块体 B_1 可标注为 $L_1L_2L_3U_4$;块体 B_2 由 P_1 的上半空间以及 P_3 和 P_5 的下半空间构成,则块体 B_2 可标注为 $U_1L_3L_5$。

②数字编号法

以 0、1、2 和 3 四个数字表示块体的编号,其中"0"表示块体在该平面的上半空间;"1"表示块体在该平面的下半空间;"2"表示该平面不是块体的界面;"3"表示该平面构成块体的互

相平行的一对界面。如上述 B_1 块体可表示为 11102，B_2 表示为 02121。若块体 B_3 由 P_2 的上半空间、P_4 的下半空间以及互相平行的一对 P_5 构成，则块体 B_3 表示为 20213。

③符号编号法

以"+1"表示上半空间；"−1"表示下半空间；"±1"表示该平面组成块体的一对平行界面。上述块体 B_1 可表示为 $(-1,-1,-1,+1,0)$；B_2 表示为 $(+1,0,-1,0,-1)$；B_3 可表示为 $(0,+1,0,-1,\pm1)$。

2）裂隙块体全空间赤平投影的数字标注方法

①所有结构面属于棱锥的互不平行界面

若现有两组结构面，其产状如表 9-3，赤平投影如图 9-6。先在 P_1 圆内的两个区域标上 "0"，表示为岩体上盘，在圆外的两个区域标上"1"，表示岩体的下盘；同样，再将 P_2 圆的内外各两个区域标上"0"和"1"，得到四个区域：00,01,10,11，即四个非空裂隙锥的编号。"00"区域表示该裂隙锥是由两个结构面的上盘岩体组成；"01"区域表示该裂隙锥是由 P_1 的上盘岩体和 P_2 的下盘岩体组成；余次类推。

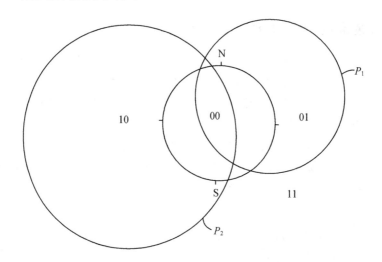

图 9-6　两组结构面构成的裂隙锥投影

表 9-3　两组结构面的产状

结构面	倾角(α)	倾向(β)
P_1	41°	87°
P_2	59°	259°

根据表 9-1 中的公式，由两组结构面组成的裂隙块体总数为 $2^2=4$；无限裂隙块体数为 $2^2-2+2=4$；有限裂隙块体数 0。

若结构面有四组，其产状如表 9-4 所示，全空间赤平投影如图 9-7(a)。采用上述同样的方法，将所有被大圆分割的区域进行标注，其数字编号为：0000,0001,0010,0011,0100, 0110,0111,1000,1001,1011,1100,1101,1110,1111，共 14 个非空裂隙锥。在赤平投影图上没有出现的两个编号 0101 和 1010，即为空裂隙锥。根据表 9-1 中的公式，由四组结构面构成的裂隙块体总数为 16 个；无限裂隙块体为 14 个；有限裂隙块体数为 2 个，作图和公式计算两者的结果一致。

表 9-4　四组结构面的产状

结构面	倾角 α	倾向 β
P_1	62°	25°
P_2	71°	293°
P_3	19°	175°
P_4	118°	45°

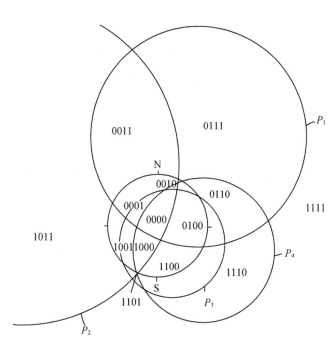

图 9-7(a)　四组结构面构成的裂隙锥投影

②某结构面不属于棱锥的界面

上述四组结构面中(表 9-4),假定结构面 P_3 不构成棱锥的界面,即棱锥的数字编号中第 3 个数字为"2"[图 9-7(b)]。

此时,只需要绘出结构面 P_1、P_2 和 P_4 的赤平投影[图 9-7(b)],将圆 P_1 内各域第一个数字标上"0",圆外各域第一个数字标上"1"。接着将圆 P_2 内各域第二个数字标上"0",圆外各域第二个数字标上"1"。再将各域的第三个数字都标上"2"。最后,将圆 P_4 内各域第四个数字标上"0",圆外各域第四个数字标上"1"。

③某结构面构成棱锥的一对平行界面

若某结构面构成棱锥的一对界面,则该棱锥同时位于该界的上盘和下盘。界面的赤平投影大圆内域表示上盘,外域表示下盘,既是上盘又是下盘的投影自然就是大圆的圆弧段。

上述四组结构面中(表 9-4),考虑有一组结构面为平行界面的棱锥,则棱锥的数字编号如图 9-7(c)所示。先将圆 P_1 内各圆弧段的第一个数字标上"0",圆外各弧段第一个数字标

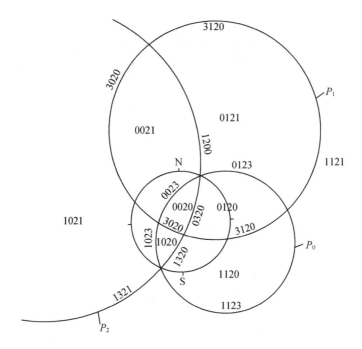

图 9-7(b)　界面不包括 P_3 时各裂隙锥的全空间赤平投影

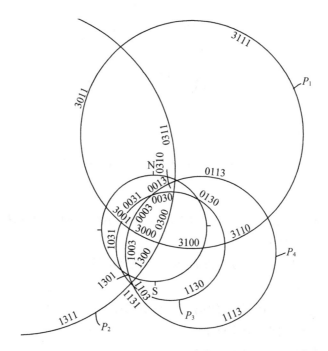

图 9-7(c)　考虑有一组结构面为平行界面的各裂隙锥全空间赤平投影

上"1",圆上各弧段第一个数字分别标上"3"。接着将圆 P_2 内、外和圆上的各弧段第二个数字分别标上"0""1"和"3"。按同样的方法,标注其他圆 P_3 和圆 P_4 的各弧段。

9.3 块体可动性的判别方法

在已知结构面和临空面的组合条件下,寻找工程开挖面所可能出现的关键块体,然后计算出滑动力,为工程治理设计提供依据。故应先对块体进行几何分析,判断块体的有限性和可动性。

运用全空间赤平投影判断块体是否可动,首先找出已知结构面可能构成的所有无限裂隙块体,然后再从这些无限裂隙块体与开挖面的组合关系中确定动块体进行运动学和力学分析。

应用赤平投影方法既可以直观地判别裂隙块体的有限性,也可以直观地判别块体的可动性。

1) 三组结构面构成的裂隙块体可动性

若三组结构面产状如表 9-5 所示,则全空间赤平投影及各大圆形成的区域,即无限裂隙锥如图 9-8 所示。

表 9-5 三组结构面的产状

结构面	倾角 α	倾向 β
P_1	51°	148°
P_2	62°	204°
P_3	35°	337°

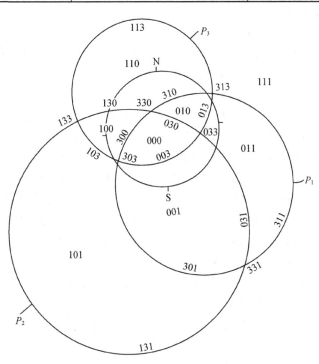

图 9-8 三组结构面构成的裂隙锥投影

若各结构面互不平行,则非空裂隙锥的编号为 000、001、010、011、100、101、110、111。由表 9-1 公式可知,由三组结构面组成的裂隙锥总数为 $2^3=8$,而空裂隙锥数为 0。

若连包含平行界面的非空裂隙锥也计入的话,共有 26 个非空裂隙锥:000、001、003、010、011、013、030、031、033、100、101、103、110、111、113、130、131、133、300、301、303、310、311、313、330、331。

设临空面为水平面,其赤平投影即为参照圆。若开挖锥在临空面的上半空间,则开挖锥为参照圆的内域,而空间锥为参照圆的外域。由图 9-8 可以看出,此时裂隙锥 111、331、113、311、313、131 完全包括在空间锥内,即其相应的各块体可动。若开挖锥在临空面的下半空间,则其空间锥为参照圆的内域。由图 9-8 可以看出,此时裂隙锥 000、330、003、033、300、303 完全包括在空间锥内,即相应这些裂隙锥的各块体可动。

2) 四组结构面构成的裂隙块体可动性

若四组结构面产状如表 9-4 所示,则全空间赤平投影及各大圆形成的区域,即无限裂隙锥如图 9-7(a)所示。设临空面为水平面,其赤平投影即为参照圆。

若开挖锥在临空面的上半空间,则开挖锥为参照圆的内域,而空间锥为参照圆的外域。

由图 9-7(a)可以看出,完全包括在空间锥内裂隙锥编号为 1101、1110 和 1111,即其相应的各块体可动。

若开挖锥在临空面的下半空间,则其空间锥为参照圆的内域。由图 9-7(a)可以看出,完全包括在空间锥内裂隙锥编号为 0000、0001 和 1111,即相应这些裂隙锥的各块体可动。

9.4 关键块体的判别

已知结构面组合和主动合力,首先判断可动块体的运动形式,然后根据结构面的物理力与性质特性判断关键块体或可能失稳的块体。

1) 块体运动形式及判别方法

块体运动形式有三种,即掉落或上托(脱离)运动、沿单面滑动和沿双面滑动。块体可动就是指该块体向临空面运动时,不受其相邻块体的阻挡(摩擦力除外)。

①当块体脱离运动时,滑动方向包括在裂隙锥内,但不包括在裂隙锥的边界上。因此,若主动合力在投影图上的投影点落在某个裂隙锥内,则该裂隙锥的运动形式为脱离运动。若合力的投影点正好落在裂隙锥的边界上,则在合力作用下不可能发生脱离运动。

②当块体沿单面滑动时,则除结构面 P_i 外,裂隙锥的其他结构面都与岩体脱开。因此,在全空间赤平投影中,相应于沿结构面 P_i 滑动的裂隙锥必在包括滑动方向的圆弧一侧,而且是在结构面 P_i 的不包括合力的半空间内。

③当块体沿双结构面 P_i 和 P_j 滑动时,其滑动必沿着两者的交线。因此,在全空间赤平投影中,相应于沿两结构面 P_i 和 P_j 滑动的裂隙锥必以两者交线的投影点为一个角点,同时,该裂隙锥必在结构面 P_j 的不包括合力在 P_i 上分力的半空间,且在结构面 P_i 的不包括合力在 P_j 上分力的半空间。

2) 利用赤平投影方法确定块体滑动方向

采用全空间赤平投影方法,在给定的合力作用下,求块体滑动方向。

①块体脱离岩体的破坏(上托或掉落)

假设作用于块体上合力的方向为$\vec{r}$,它将使块体脱离各组结构面而运动,则此时块体的运动方向$\vec{s}$和$\vec{r}$一致。故作出$\vec{r}$的赤平投影即为$\vec{s}$的赤平投影。

②平面滑动

若岩体受方向为$\vec{r}$的合力作用,使其沿某一结构面滑动,则其滑动方向与$\vec{r}$在该结构面上的正投影方向平行。

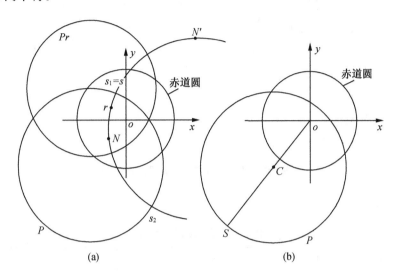

图 9-9   单面滑动方向的赤平投影分析

例如,在图 9-9(a)中,$\vec{r}$为合力的投影,且滑动沿 P 面发生,求其滑动方向。

先求出平面 P 的法线 N,过 r 和 N 作大圆,与 P 圆相交于 s_1 和 s_2。再绘出垂直于$\vec{r}$的平面 P_r,由于$\vec{s_1}$与$\vec{r}$在同一个半空间,故滑动方向为$\vec{s_1}$。

若合力$\vec{r}$的方向为重力方向$(0,0,-1)$,在这种特殊情况下,与$\vec{r}$垂直的平面为水平面,其投影圆 P_r 与赤道圆重合。r 所在 P_r 圆的半空间为赤道圆外域,而平面 P 的法线投影 N 位于赤道圆圆心和 P 投影圆圆心连线的延长线上[图 9-9(b)],且 r 与 N 的共属平面为竖直平面,故其投影是 OC 方向上的一直线。所以,滑动方向$\vec{s}$为 P 投影与 OC 延长线的交点。

③双滑动面

在图 9-10(a)中,r 为合力的投影,平面 P_1 和 P_2 为滑动面,两面投影的交点为 I_{12} 和 $-I_{12}$,求其滑动方向。

绘出法线 r 的平面 P_r,则滑动方向$\vec{s}$即为与 r 共属于 P_r 的同一个半空间的 I_{12}。

当作用力为自重时,r 竖直向下且无法绘出。但这时 P_r 为赤道圆,而包含 r 的 P_r 的半空间为赤道圆的外域,即下半球面。因此,滑动方向$\vec{s}$为 P_1 和 P_2 在赤道圆外的交点 $-I_{12}$[图 9-10(b)]。

设有四组结构面,其产状见表 9-6,其全空间赤平投影和各无限裂隙锥的编号见图 9-11,再根据上述原则,就可以将相应于各种运动形式的裂隙锥编号一一标到图 9-12 和 9-13 上。

通过运动学分析,就可以确定在某个主动合力作用下所有关键块体和可能失稳块体,而

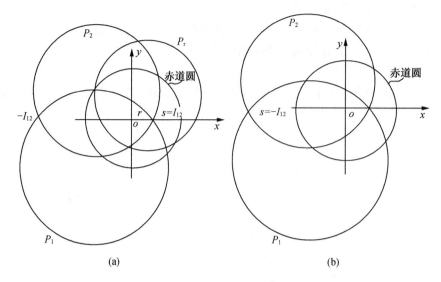

图 9-10　双面滑动方向的赤平投影分析

把稳体排除在外。

表 9-6　四组结构面产状

裂隙面	倾角	倾向
1	75°	170°
2	28°	230°
3	32°	313°
4	70°	240°

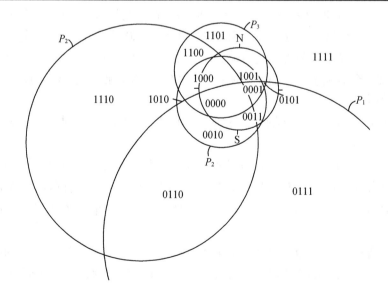

图 9-11　四组结构面的全空间赤平投影图

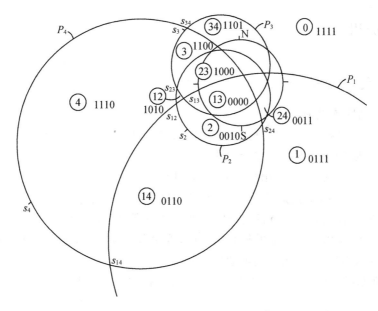

图 9-12　当合力为块体自重时相应各运动形式的裂隙锥

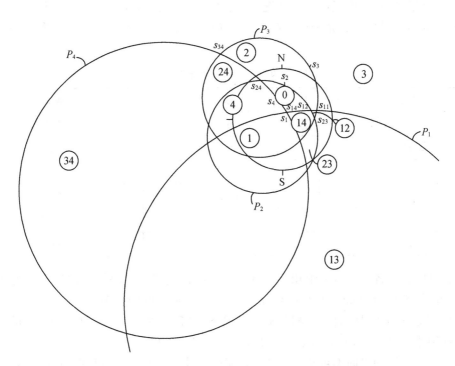

图 9-13　当合力不为块体自重时相应各运动形式的裂隙锥

3）关键块体的判别方法

在判别出某个主动力的合力作用下所有相应关键块体和可能失稳块体的裂隙锥之后，计算作用于块体的净滑动力。若净滑动力大于 0，则该块体为关键块体；若净滑动力小于 0，该块体为可能失稳块体。

9.5 工程应用

9.5.1 岩石边坡工程

1）坡内可动块体识别

运用全空间赤平投影直观地判别出边坡内所有的可动块体,其步骤如下:

①选择参照圆的半径 R,并绘制参照圆;

②根据各结构面的产状,绘出相应的投影大圆;

③各投影大圆将赤平投影平面划分出许多区域,各区域对应一个非空裂隙锥,按照"9.2.2块体(棱锥)在投影中的标注"方法,对所有非空裂隙锥行编号;

④按照步骤②绘出各临空面的投影大圆后,再找出相应的空间锥投影域,凡完全包括在空间锥域内的各裂隙锥即为相应的可动块体。

例:设有四组结构面 $P_1 \sim P_4$,以及两临空面 P_5 和 P_6,其产状如表 9-7。确定坡内可动块体。

①仅由临空面 P_5 单独形成的边坡面

考虑裂隙锥的各界面互不平行情况下,对各裂隙锥编号。图 9-14 显示仅由临空面 P_5 构成坡面的结构面投影图,完全包括在空间锥域内的裂隙锥编号 1000、1010 和 1100 为相应的可动块体。

表 9-7 六组结构面产状

结构面编号	倾角	倾向
P_1	15°	170°
P_2	75°	35°
P_3	30°	10°
P_4	60°	305°
P_5	65°	330°
P_6	70°	110°

考虑裂隙锥的各界面有一组相互平行情况下,对各裂隙锥编号。由图 9-15 可知,可动块体的裂隙锥编号为 1003、1013、1030、1130、1310、1300、3000 和 3100。

考虑裂隙锥的各界面有二组相互平行情况下,对各裂隙锥编号。由图 9-16 可知,可动块体的裂隙锥编号为 1033、1313、1330、3003、3130 和 3300。

若组成裂隙锥的界面不包括 P_3,对各裂隙锥编号。由图 9-17 可知,可动块体的裂隙锥编号为 1020。

②由临空面 P_5 的下盘和临空面 P_6 的上盘组成凹形边坡

如图 9-18 所示,空间锥为投影大圆 P_5 内域和投影大圆 P_6 外域的共同区域,完全包括在该空间锥域内的裂隙锥编号为 1010 和 1100,此为各界面互不平行的可动块体编号。

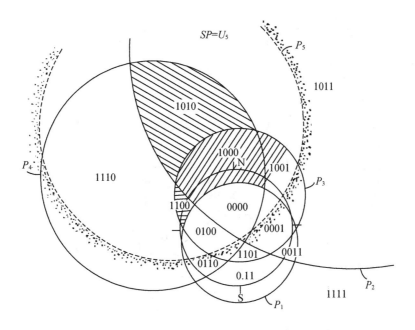

图 9-14　仅由临空面 P_5 构成坡面的结构面投影

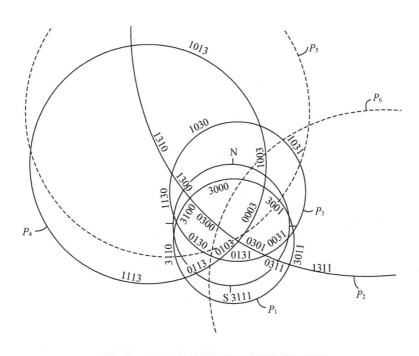

图 9-15　含有一对平行界面的裂隙锥投影图

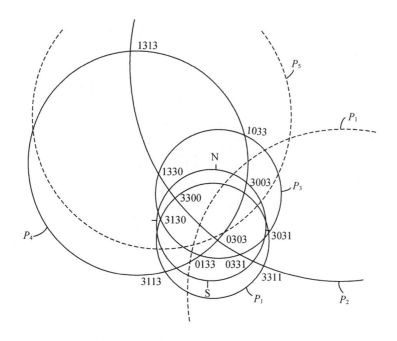

图 9-16　含有二对平行界面的裂隙锥投影图

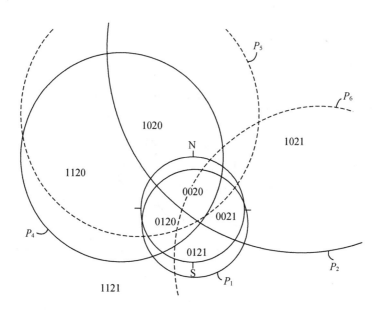

图 9-17　界面中不含 P_3 的裂隙锥投影图

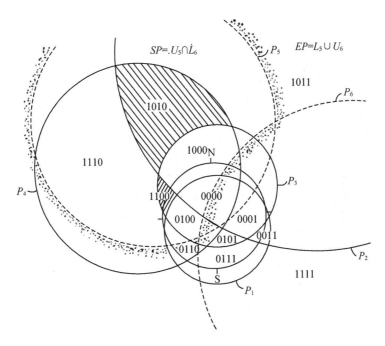

图 9-18 P_5 下盘和 P_6 上盘组成凹形边坡的投影图

若裂隙锥内含有一对平行界面,由图 9-15 可知可动块体的编号为 1013、1030、1130、1310、1300 和 3100。

若裂隙锥内含有二对平行界面,由图 9-16 可知可动块体的编号为 1033、1313、1330、3130 和 3300。

若组成裂隙锥的界面不包括 P_3 情况下,对各裂隙锥编号。由图 9-17 可知,这时边坡内不会出现可动块体。

③由临空面 P_5 的下盘和临空面 P_6 的上盘组成凸形边坡

如图 9-19 所示,开挖锥为 P_5 投影圆的外域和 P_6 投影圆内域的公共域,空间锥则为该公共域以外的区域。

若裂隙锥各界面互不平行,由图 9-19 可知,完全包括在上述空间锥域内的裂隙锥编号为 1000、1010、1100 和 1110,对应边坡内的可动块体。

若裂隙锥内含有一对平行界面,由图 9-19 可知可动块体的编号为 1003、1013、1030、1130、1310、1300、3100、3000、3110 和 1113。

若裂隙锥内含有二对平行界面,由图 9-19 可知可动块体的编号为 1033、1313、1330、3003、3113、3130 和 3300。

若组成裂隙锥的界面不包括 P_3 情况下,由图 9-19 可知,这时边坡内出现可动块体编号为 1020 和 1120。

2) 已知边坡走向,确定开挖临界坡角

任一平面的投影大圆与参照圆的交点 A 和 A' 的连线(图 9-20),必为参照圆的直径。A 点与正北(0°)的夹角即为该平面的走向 η。也就是说,边坡走向确定后,就可以在赤平投影图上找出相应的 A 和 A' 点。根据裂隙锥投影域的角点(即裂隙锥棱的投影)和由 A、A' 点绘

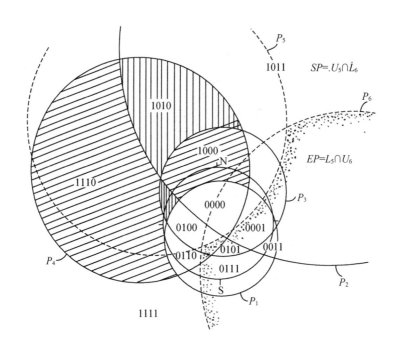

图 9-19　P_5 下盘和 P_6 上盘组成凸形边坡的投影图

制大圆,若该大圆与裂隙锥相切且完全包括裂隙锥域,则该大圆的倾角为相应裂隙锥的临界坡角。

　　例:设边坡内存在四组结构面(表 9-7),其倾向为 270°,采用全空间赤平投影确定相应可动块体的临界坡角。

　　首先,绘出四组结构面投影,并对各裂隙锥域编号(图 9-20);

　　其次,由边坡走向 $\eta=0°$,确定 A 和 A' 点(图 9-21)。由于坡倾向 270°,故仅考虑 AA' 左侧的裂隙锥域。通过 A、A' 和 I_{24}^0 绘制大圆,裂隙锥 1110 与之相切且完全包括在该圆内域。由投影图可知,相应裂隙锥 1110 的临界坡角为 72.2°;裂隙锥 1100 的临界坡角为 20.1°;裂隙锥 0110 的临界坡角为 14.9°。

　　由此,可以得出边坡倾向 270°条件下,若倾角大于 72.2°,则相应可动块体的裂隙锥为 0110、1100 和 1110;若边坡倾角为 20.1°～72.2°,则相应可动块体的裂隙锥为 0110、1100

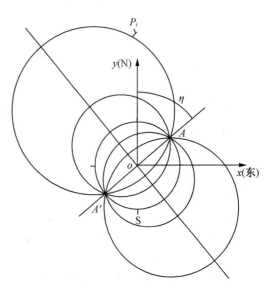

图 9-20　走向为 η 平面的赤平投影

和 0100;若边坡倾角为 14.9°～20.1°,则相应可动块体的裂隙锥为 0110、0100 和 0101;若倾角小于 14.9°,则边坡内不存在可动块体。

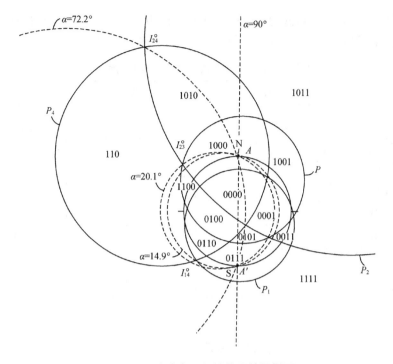

图 9-21 边坡内四组结构面的投影图

9.5.2 硐室围岩可动块体的识别

例：碧口水电站调压井示意图见图 9-22，其岩体中发育的结构面和开挖面产状如表 9-8 所示。

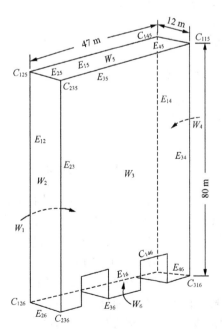

图 9-22 碧口调压井示意图

首先,投影结构面;然后,假定各块体的非临空面由所有互不平行的结构面构成,在全空间赤平投影图上找出地下硐室各部位所有相应可动块体的裂隙锥。

表9-8 碧口调压井岩体结构面和开挖面产状

平面	倾角	倾向	备注
结构面 P_1	71°	163°	
结构面 P_2	68°	243°	
结构面 P_3	45°	280°	
结构面 P_4	13°	343°	
边墙 W_1、W_3	90°	118°	法线方向
边墙 W_2、W_4	90°	28°	法线方向
顶面	0°	0°	
底面	0°	0°	

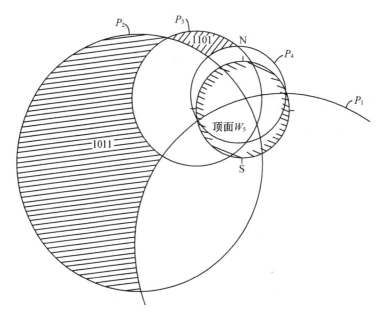

图 9-23 顶部的可动块体

图9-23为各裂隙锥和顶面的赤平投影。顶面的空间锥为参照圆的外域,完全包含在该区域内的裂隙锥编号为1011和1101,即为洞顶的可动块体。图 9-24 为各裂隙锥和边墙 3 的赤平投影。边墙3的投影为一直线,其空间锥在该直线的左侧,完全包含在该空间锥域内的裂隙锥编号为 1001 和1101,即为边墙3的可动块体。

图 9-25 为各裂隙锥和边墙 4 的赤平投影。边墙 4 的投影为一直线,其空间锥在该直线的下方,完全包含在该空间锥域内的裂隙锥编号为 0001、0010 和 0011,即为边墙 4 的可动块体。图 9-26 为各裂隙锥和边墙 2、3 的赤平投影。边墙棱 E_{23} 的空间锥为左上角空间,完全包含在该空间锥域内的裂隙锥编号为 1101,即为边墙棱 E_{23} 的可动块体。

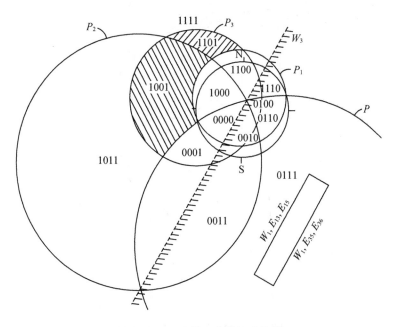

图 9-24　边墙 3 内的可动块体

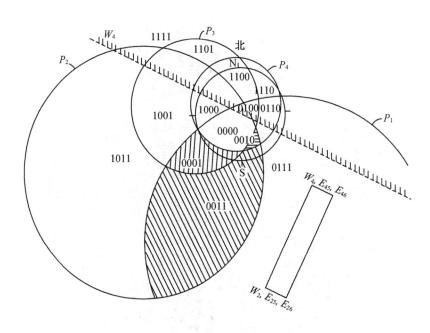

图 9-25　边墙 4 内的可动块体

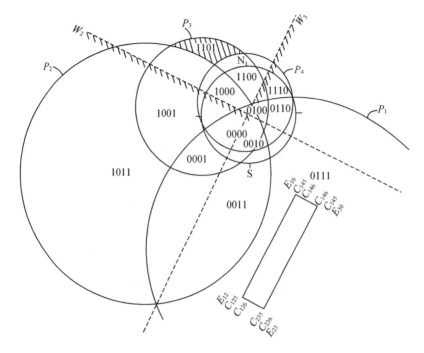

图 9-26　边墙棱 E_{23} 内的可动块体

附图一：

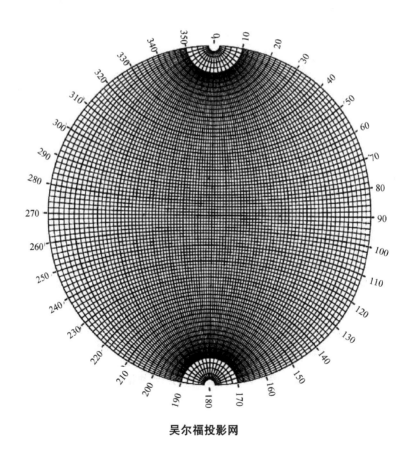

吴尔福投影网

附图二：

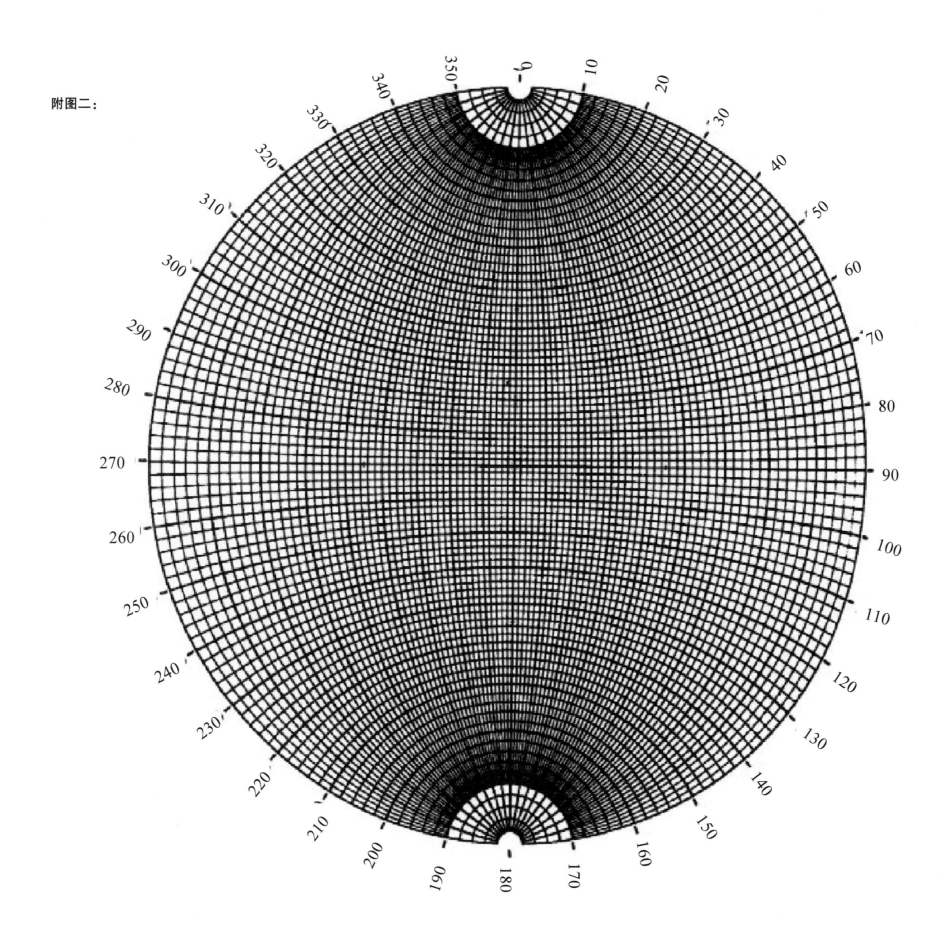

参考文献

［1］Bell F. G. Engineering in Rock Masses (Block theory in rock engineering)［M］. Butterworth-Heinemann Ltd. 1992，p. 101-116.

［2］Stephen D. Priest. Discontinuity Analysis for Rock Engineering［M］. Springer Netherlands，1993.

［3］Duncan C. Wyllie, Christopher W. Mah. Rock Slope engineering：Civil and Mining［M］. Spon Press，2004，p. 27-45，154-175，334-356.

［4］E. Hoek and J. W. Bray Rock Slope Engineering［M］. The Institution of Mining and Metallurgy，1981，p. 37-61，181，201，207，220.

［5］N. Simons, B. Menzies, M. Matthews. A Short Course in Soil and Rock Slope Engineering, Thomas Telford Publishing，2001，p. 195-260.

［6］Duncan C. Wyllie. Rock Slope Engineering：Civil Applications［M］. Fifth Edition，2018.

［7］刘高编. 工程岩体力学［M］.兰州大学出版社，2017. 2018.

［8］孙玉科,古迅.赤平极射投影在岩体工程地质力学中的应用［M］.科学出版社,1980.

［9］Charles A. Kliche, Rock Slop Stability. The Society for Mining, Metallurgy, and Exploration［M］. 1999.

［10］Steve Hencher. Practical Rock Mechanics［M］. Taylor & Francis Group, LLC,2015.

［11］孙玉科,牟会宠,姚宝魁.边坡岩体稳定性分析［M］.北京:科学出版社,1988.

［12］刘锦华,吕祖衍.块体理论在工程岩体稳定分析中的应用［M］.北京:水利水电出版社,1986.